中亚五国地震安全报告

中国地震局科技与国际合作司　编

地震出版社

图书在版编目（CIP）数据

中亚五国地震安全报告 / 中国地震局科技与国际合作司编. -- 北京：地震出版社，2024. 12. -- ISBN 978-7-5028-5683-0

Ⅰ. P316. 36

中国国家版本馆 CIP 数据核字第 20240L8Z21 号

地震版 XM5471/P(6524)

中亚五国地震安全报告

中国地震局科技与国际合作司◎编

责任编辑：王亚明

责任校对：凌　樱

出版发行：地震出版社

北京市海淀区民族大学南路 9 号　　邮编：100081

发 行 部：68423031　68467991　　传真：68467991

总 编 办：68462709　68423029

http://seismologicalpress.com

E-mail：dzpress2023@163.com

经销：全国各地新华书店

印刷：北京华强印刷有限公司

版（印）次：2024 年 12 月第一版　2024 年 12 月第一次印刷

开本：880×1230　1/16

字数：99 千字

印张：6

书号：ISBN 978-7-5028-5683-0

定价：128.00 元

《中亚五国地震安全报告》

编 委 会

前　言

中亚五国（包括哈萨克斯坦、吉尔吉斯斯坦、塔吉克斯坦、土库曼斯坦、乌兹别克斯坦）东邻中国，北接俄罗斯，南邻阿富汗和伊朗，西隔里海与阿塞拜疆相望。哈萨克斯坦、吉尔吉斯斯坦和塔吉克斯坦三国与中国拥有3000多千米的共同边界，其中最长的中哈边界绵亘1700多千米。中亚五国总面积约400万km^2，据2023年数据，总人口约8033万。

“一带一路”倡议提出以来，中国与中亚五国充分利用得天独厚的地理优势，通过联合国、世界贸易组织、上海合作组织、亚洲相互协作与信任措施会议等多种渠道和方式保持密切联系，不断弘扬“和平合作、开放包容、互学互鉴、互利共赢”的丝路精神。途经中亚的中欧班列连通中国与欧洲25个国家，中亚五国持续得到“一带一路”框架下各类投资基金的融资支持，绿色低碳、医疗卫生、数字创新等领域合作发展迅猛。2022年，中国同中亚五国贸易总额达到702亿美元，比建交初期增长上百倍，创下历史新高，极大地推动了中亚五国的民生改善、产业升级和经济发展。

中亚五国位于欧亚大陆的南侧，紧邻印度板块和阿拉伯板块，区内地震构造环境与地震活动水平差异较大。中亚五国南部及周边地区地震活动强烈，历史上曾多次发生7级以上甚至8级以上地震，其中灾害最为严重的1948年土库曼斯坦阿什哈巴德地震，可能造成了10万人遇难。中亚五国北部地区的地震活动性水平较低，历史上没有记录到6级以上地震。造成重大地震灾害的主要原因包括房屋抗震能力较差、大规模的地震滑坡等。未来，大地震活动与人口经济高度重合的南部地区地震灾害风险仍然较大。同时，南部地区是沟通东亚与西亚、欧洲的重要通道，传统的丝绸之路和目前的中欧班列、中亚天然气管道均由此通过，伴随着大量的基础设施建设。因此，该地区的地震灾害，不仅会造成当地严重的人员伤亡和财产损失，也会对我国自身能源安全及与西亚、欧洲地区的人员物流畅通造成严重冲击，对“一带一路”倡议的持续发展产生不利影响。

2023年5月首届中国—中亚峰会顺利召开，为构建更加紧密的中国—中亚命运共同体奠定了扎实基础。为此，中国地震局继《“一带一路”地震安全报告》《巴基斯坦及克什米尔地区地震安全报告》之后，系统整理中亚五国及周边地区现有地震灾害基础资料，科学分析未来地震风险总体形势，编制完成《中亚五国地震安全报告》，服务当地防震减灾工作，助力“一带一路”倡议的安全实施。

目 录

第 1 章 地震监测能力

地震监测能力是对地震台网能够测定地震震源位置、发震时刻和震级等基本参数且达到一定精度要求的台网控制区域的描述，能够较为综合地反映某一地区的地震监测水平，一般用不同震级控制范围等值线图的方式表达。地震监测能力的高低主要取决于监测台站密度、台站布局的合理性、台站观测环境质量及观测仪器的灵敏度等因素。

收集整理中亚五国及其周边地区在网运行地震监测台站 341 个，包括哈萨克斯坦未共享台站 37 个，其余均为美国地震学研究联合会（Incorporated Research Institutions for Seismology，IRIS）共享台站。美国地震学研究联合会共享台站包括中亚五国台站 165 个，分属中亚地震台网（Central Asian Seismic Network）、哈萨克斯坦台网（Kazakhstan Network）、吉尔吉斯斯坦数字台网（Kyrgyzstan Digital Network）、吉尔吉斯斯坦遥测地震台网（Kyrgyzstan Seismic Telemetry Network）、塔吉克斯坦国家地震台网（Tajikistan National Seismic Network）及乌兹别克斯坦双台地震噪声与信号场地调查台网（Two-station Seismic Noise and Signal Site Survey in Uzbekistan）；前苏联其他台站 59 个，现分属亚美尼亚、阿塞拜疆和格鲁吉亚；全球地震台网（Global Seismographic Network，GSN）台站 31 个（含中国台站 2 个）；伊拉克、科威特、土耳其等国位于西亚的台站 49 个。

基于上述地震监测台网数据，利用台站背景噪声和近震震级公式，对中亚五国的地震监测能力进行计算，得到中亚五国地震监测能力图（图 1-1）。中亚五国地震监测能力呈周边区域较强，中部较弱的特点，大部分地区为 3.5 级，略低于我国台站稀疏地区，如青藏高原西部、新疆东南部和内蒙古北部边界地区；首都和其他大城市周边可达 0.5 级，与川滇地区相当。该地区南部，特别是东南部邻近我国边境地区地震频发，而中部及北部地震活动并不活跃。

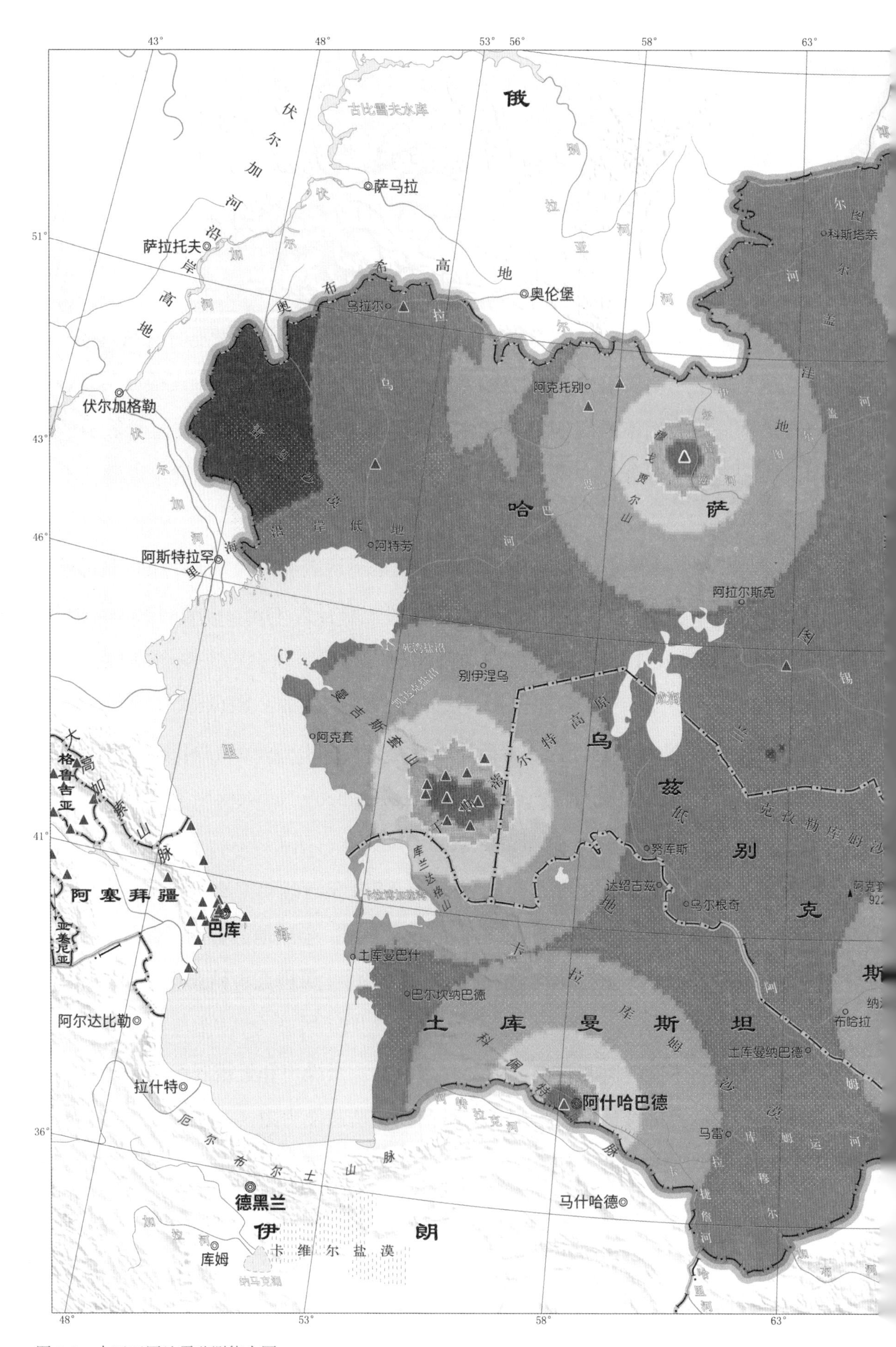

图 1-1　中亚五国地震监测能力图

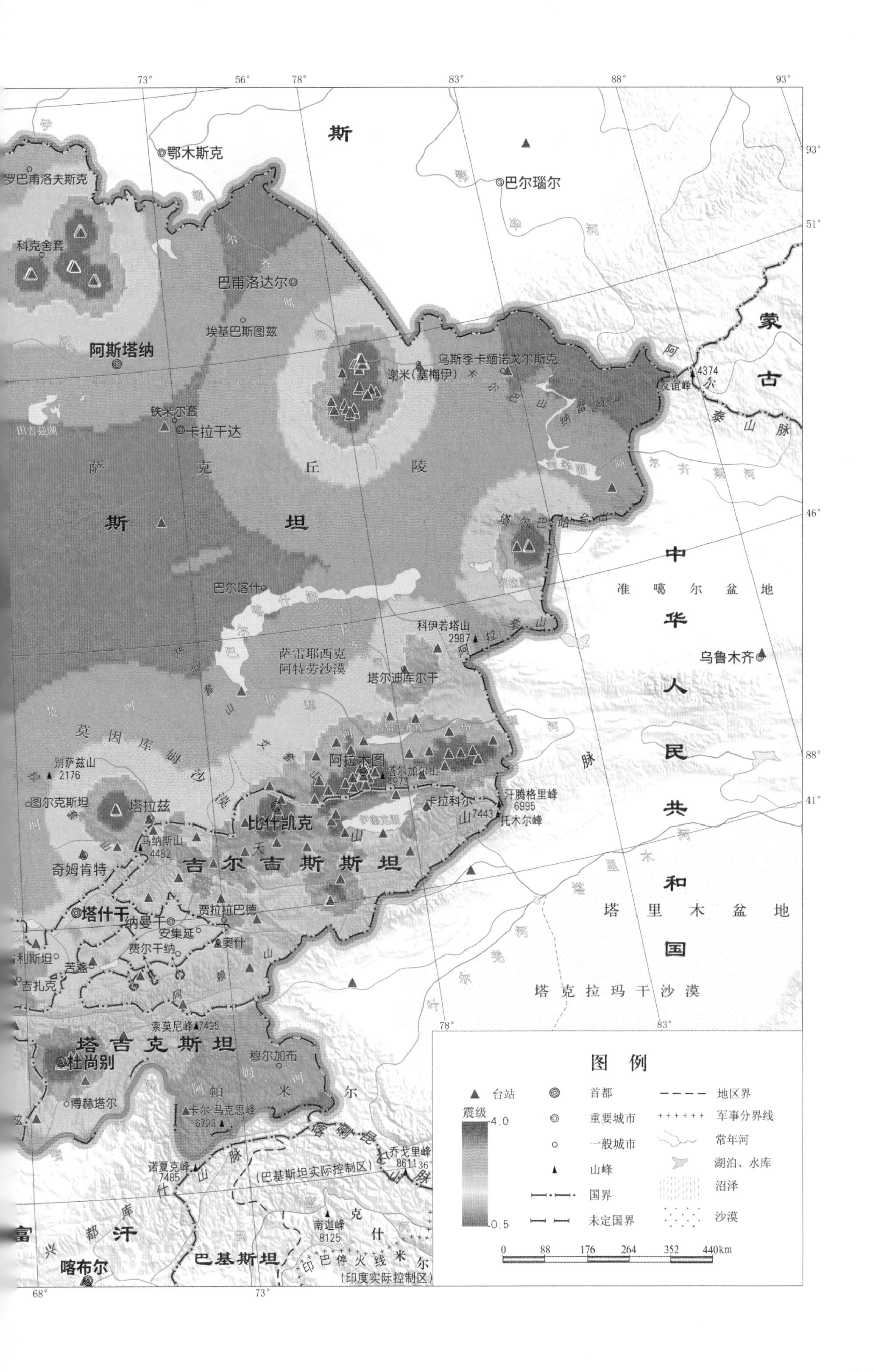

斯
鄂木斯克
巴尔瑙尔
罗巴甫洛夫斯克
科克舍套
巴甫洛达尔
埃基巴斯图兹
阿斯塔纳
乌斯季卡缅诺戈尔斯克
谢米(塞梅伊)
蒙
古
友谊峰
4374
阿
尔
泰
山
脉
铁米尔套
卡拉干达
萨
克
丘
陵
斯
坦
塔
尔
巴
哈
台
山
中
准
噶
尔
盆
地
巴尔喀什
华
科伊若塔山
2987
萨雷耶西克
阿特劳沙漠
塔尔迪库尔干
乌鲁木齐
人
莫
因
库
姆
沙
漠
别萨兹山
2176
阿拉木图
塔尔加尔山
4973
民
汗腾格里峰
6995
图尔克斯坦
塔拉兹
卡拉科尔
托木尔峰
7443
共
比什凯克
马纳斯山
4482
奇姆肯特
吉尔吉斯斯坦
和
塔什干
纳曼干
贾拉拉巴德
塔
里
木
盆
地
安集延
奥什
费尔干纳
国
苦盏
塔
克
拉
玛
干
沙
漠
索莫尼峰
7495
塔吉克斯坦
杜尚别
穆尔加布
博赫塔尔
卡尔·马克思峰
6723
乔戈里峰
8611
诺夏克峰
7485
(巴基斯坦实际控制区)
南迦峰
8125
富
汗
喀布尔
巴基斯坦
印巴停火线
(印度实际控制区)
图 例
台站
首都
重要城市
一般城市
山峰
国界
未定国界
地区界
军事分界线
常年河
湖泊、水库
沼泽
沙漠
震级
4.0
0.5
0
88
176
264
352
440km

作为中亚五国国土面积最大的国家，哈萨克斯坦地震监测能力较强的地区主要集中于首都阿斯塔纳、旧都阿拉木图及周边，以及阿克托别、巴甫洛达尔、奇姆肯特等城市及其附近，监测能力可达 0.5 级，中部大部分地区为 3.5 级，两端仅为 4.0 级，为中亚五国地区监测能力最弱处。这比较典型地体现了中亚五国地震监测能力的整体特点。吉尔吉斯斯坦和塔吉克斯坦由于国土面积较小，地震监测能力全境可达 2.0 级，而首都比什凯克和杜尚别均达 0.5 级。乌兹别克斯坦中部监测能力为 3.5 级，东端的首都塔什干和撒马尔罕地区为 0.5 级，西端达 2.5～3.0 级。土库曼斯坦监测能力较强的地区同样位于首都地区，即西南部的阿什哈巴德地区，达 0.5 级；而东部和北部为 3.5 级。

中国地震台网对中亚五国的速报能力可保证 5.0 级地震不遗漏，对于我国国境外 20 km 的地震可达 4.5 级。目前中国地震台网速报中亚五国的最小事件为北京时间 2022 年 2 月 10 日 16 时 44 分吉尔吉斯斯坦 4.0 级地震，震中位于奥什州首府奥什市附近，距新疆喀什 252 km。

第2章　地震分布

截至2024年1月底，中亚五国及其周边地区共记录到5.0级以上地震事件2344次。有矩震级记录的一律采用矩震级，没有矩震级记录的，根据现有中亚地震目录震级转换公式统一转换为矩震级。其中，8.0级以上地震4次，分别为1889年7月11日发生在阿拉木图以东的8.3级地震、1902年8月22日发生在阿图什的8.3级地震、1906年12月22日发生在新疆沙湾的8级地震和1911年1月3日发生在楚河区的8.0级地震。7.0～7.9级地震42次，6.0～6.9级地震265次，5.0～5.9级地震2033次。图2-1为中亚五国及其周边地区5.0级以上地震震中与人口分布图。图2-2为中亚五国及其周边地区5.0级以上地震震中与GDP分布图。附表1-1为中亚五国及其周边地区1887—2024年1月7.0级及以上的强震目录。

从图2-1、图2-2和附表1-1中可以看出，中亚五国及其周边地区东南部、南部及其周边是强震多发地区，历史上曾多次发生7级以上甚至8级以上的强烈地震。区域内地震分布不均匀，存在着三个地震高发区域。

第一个地震高发区域位于南天山—帕米尔地区一带。该地区地震分布大致呈北东东—南西西方向。南天山—帕米尔地区地处印度—欧亚板块碰撞带西构造结北端，是全球地震活动最活跃的地区之一，也是少有的大陆内部中深源地震活动地区，所属地震带一般被称为北碰撞边界地震带。该地震带所发生地震的震源深度可达200 km以上。

第二个地震高发区域位于北天山—中天山山脉一带。该地区地震分布大致呈东西方向。北天山和中天山是欧亚板块受南边印度板块向北碰撞挤压而隆起的造山带，总体地震活动性低于南天山—帕米尔地区，但特大地震并不少见。最大地震为1889年7月11日的阿拉木图以东8.3级地震。

第三个地震高发区域位于土库曼斯坦西南部—里海一带。该地区地震分布大致呈

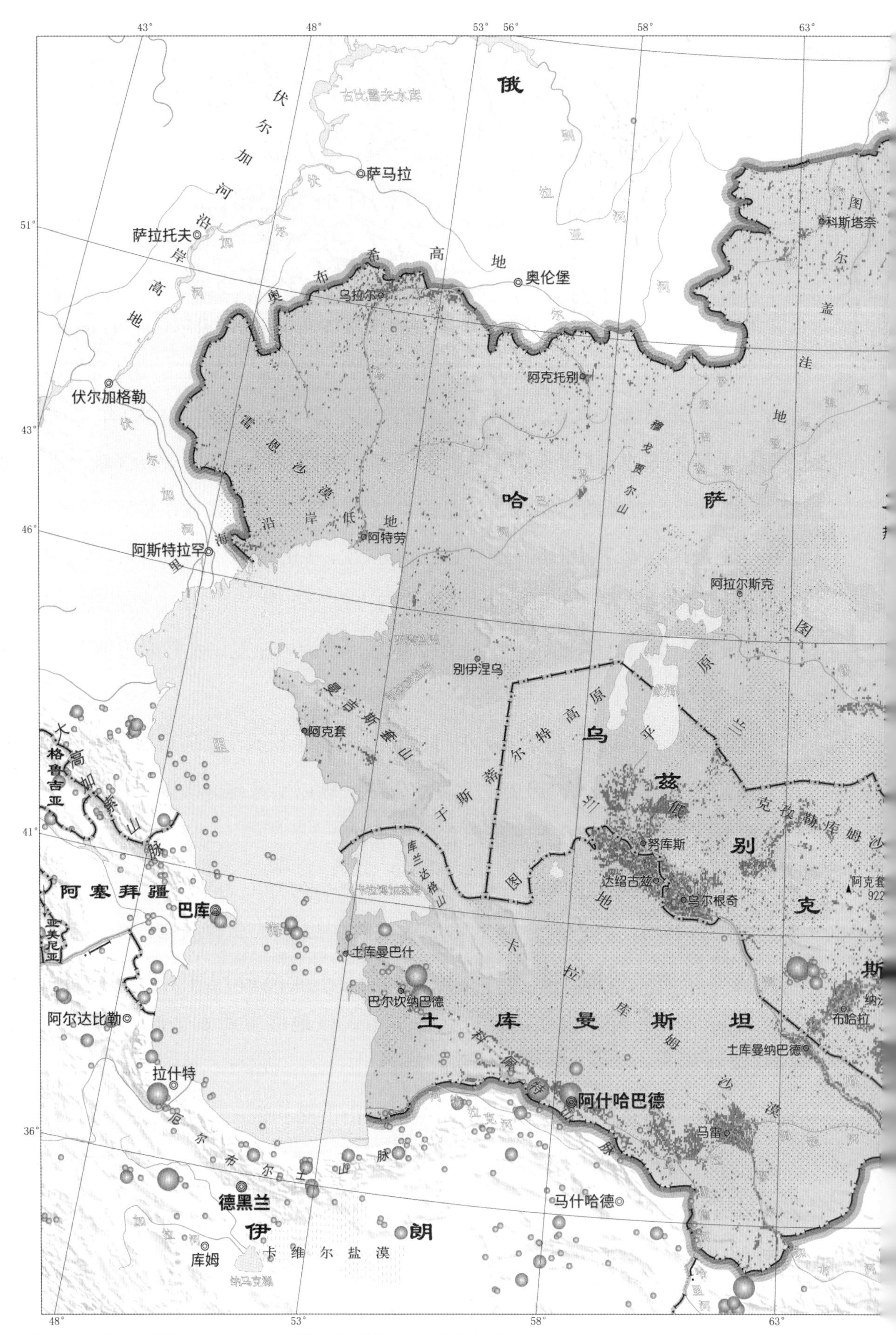

图 2-1　中亚五国及其周边地区 5.0 级以上地震震中与人口分布图

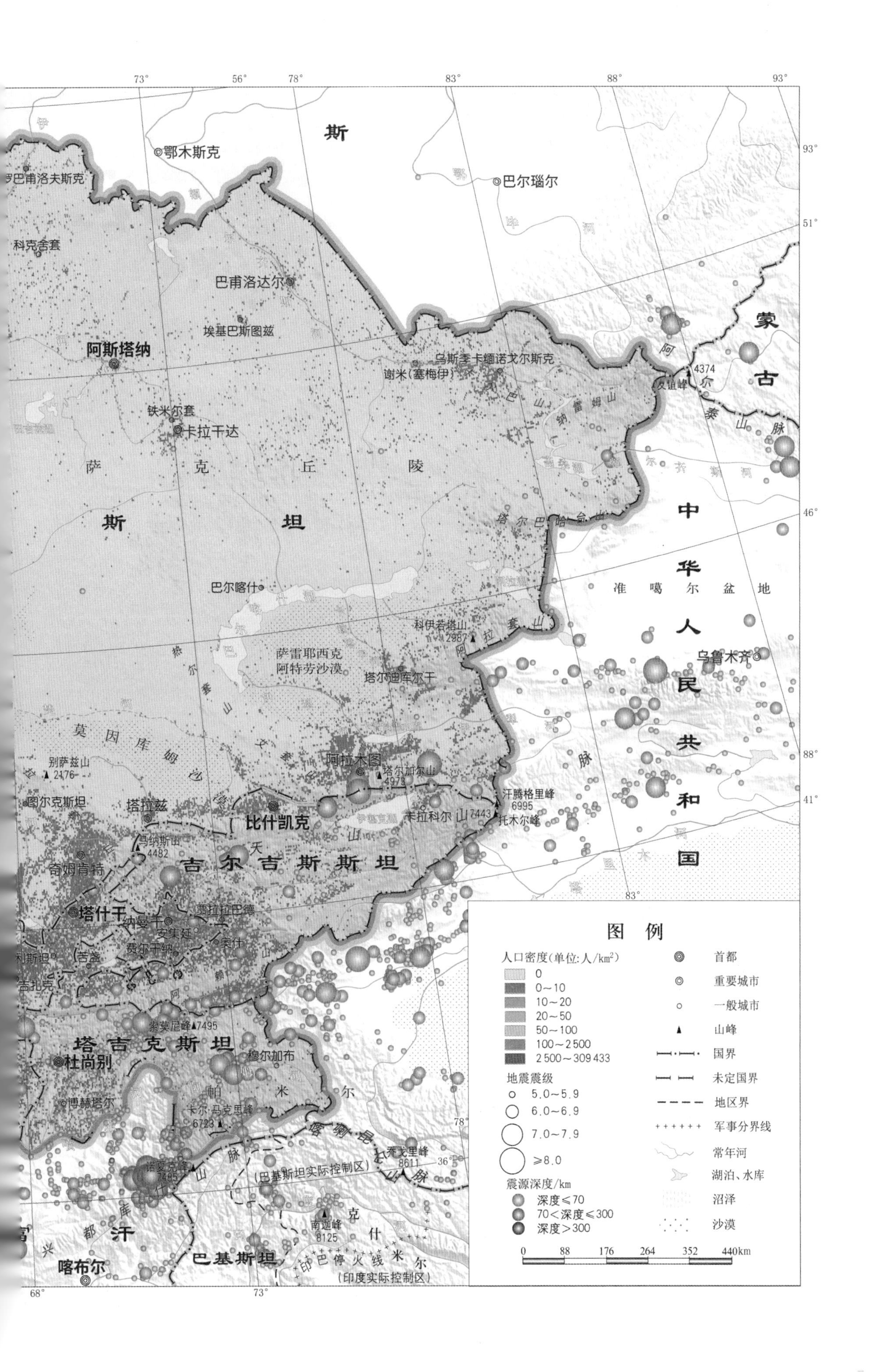

斯
鄂木斯克
巴尔瑙尔
巴甫洛夫斯克
科克舍套
巴甫洛达尔
埃基巴斯图兹
阿斯塔纳
乌斯季卡缅诺戈尔斯克
谢米(塞梅伊)
蒙
古
4374
友谊峰
阿
尔
泰
山
脉
铁米尔套
卡拉干达
萨
克
丘
陵
斯
坦
中
华
人
民
共
和
国
塔尔巴哈台山
准噶尔盆地
巴尔喀什
科伊若塔山
2987
阿拉套山
乌鲁木齐
萨雷耶西克
阿特劳沙漠
塔尔迪库尔干
莫因库姆沙漠
别萨兹山
2176
阿拉木图
塔尔加尔山
4973
汗腾格里峰
6995
图尔克斯坦
塔拉兹
比什凯克
卡拉科尔
7443
托木尔峰
马纳斯山
4482
天
山
吉尔吉斯斯坦
奇姆肯特
塔什干
贾拉拉巴德
纳曼干
安集延
奥什
费尔干纳
苦盏
索莫尼峰
7495
塔吉克斯坦
杜尚别
穆尔加布
帕
米
尔
博赫塔尔
卡尔·马克思峰
6723
乔戈里峰
8611
诺夏克峰
7485
(巴基斯坦实际控制区)
南迦峰
8125
兴
都
库
什
汗
喀布尔
巴基斯坦
印巴停火线
克
什
米
尔
(印度实际控制区)
73°
56°
78°
83°
88°
93°
51°
46°
41°
36°
68°
图例
人口密度(单位:人/km²)
0
0~10
10~20
20~50
50~100
100~2500
2500~309433
地震震级
5.0~5.9
6.0~6.9
7.0~7.9
≥8.0
震源深度/km
深度≤70
70<深度≤300
深度>300
首都
重要城市
一般城市
山峰
国界
未定国界
地区界
军事分界线
常年河
湖泊、水库
沼泽
沙漠
0
88
176
264
352
440km

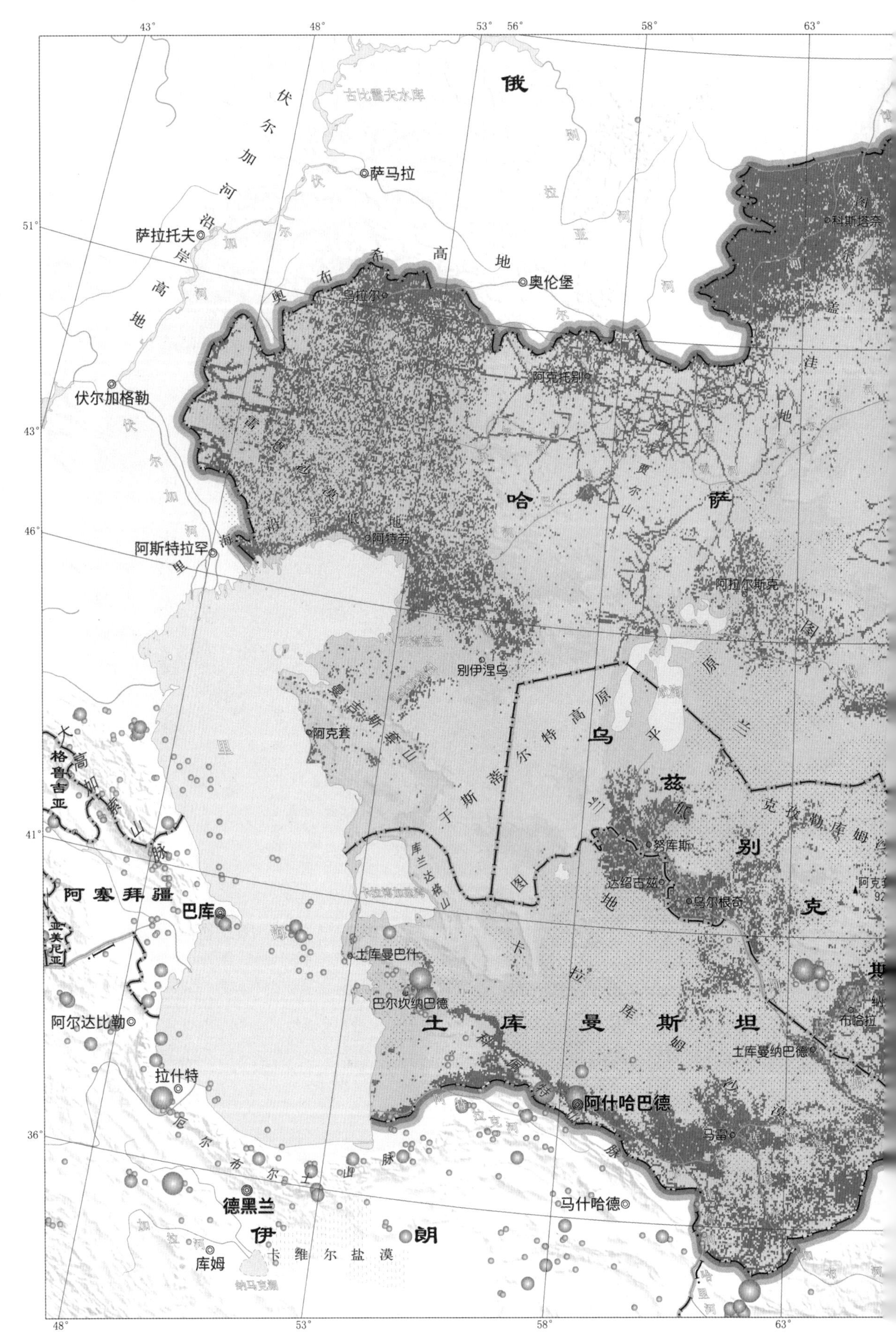

图 2-2　中亚五国及其周边地区 5.0 级以上地震震中与 GDP 分布图

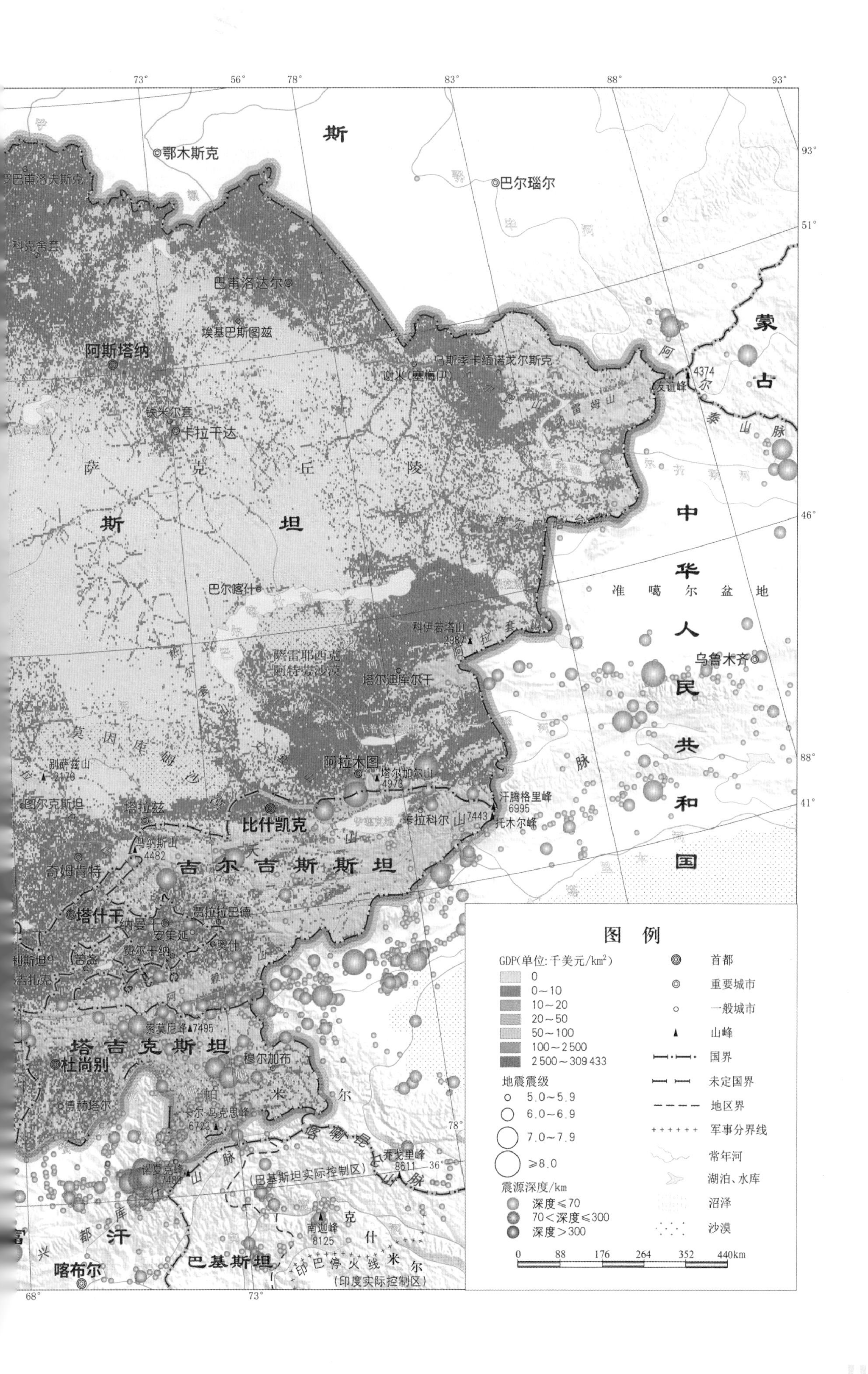

鄂木斯克
巴尔瑙尔
巴甫洛达尔
埃基巴斯图兹
阿斯塔纳
乌斯季卡缅诺戈尔斯克
谢米(塞梅伊)
友谊峰
4374
蒙古
卡拉干达
铁米尔套
萨 克 丘 陵
斯 坦
中华人民共和国
准 噶 尔 盆 地
巴尔喀什
科伊若塔山
乌鲁木齐
塔尔迪库尔干
阿拉木图
塔尔加尔山
4973
汗腾格里峰
6995
托木尔峰
7443
比什凯克
塔拉兹
吉尔吉斯斯坦
塔什干
纳曼干
安集延
奥什
费尔干纳
贾拉拉巴德
奇姆肯特
索莫尼峰▲7495
塔吉克斯坦
杜尚别
穆尔加布
卡尔·马克思峰
6723
乔戈里峰
8611
南迦峰
8125
喀布尔
巴基斯坦
(巴基斯坦实际控制区)
印巴停火线
(印度实际控制区)
图例
GDP(单位:千美元/km²)
0
0~10
10~20
20~50
50~100
100~2 500
2 500~309 433
地震震级
5.0~5.9
6.0~6.9
7.0~7.9
≥8.0
震源深度/km
深度≤70
70<深度≤300
深度>300
首都
重要城市
一般城市
山峰
国界
未定国界
地区界
军事分界线
常年河
湖泊、水库
沼泽
沙漠
0 88 176 264 352 440km

北西—南东方向。该地震带向西可延伸至高加索山脉一带，地震活动主要受阿拉伯板块和俾路支板块的旋转运动与欧亚板块的走滑碰撞作用影响。最大地震为 1929 年 5 月 1 日土库曼斯坦和伊朗交界处的科佩特 7.2 级地震。

中亚五国及其周边地区的大地震主要集中在南部，同时人口和GDP也集中在南部，呈现地震分布与承灾体分布高度重合的现象。因此，中亚五国及其周边地区南部是需要重点关注和防范的高地震风险区。

第3章 地震灾害

1. 概述

中亚五国领土范围覆盖了北至西伯利亚，南至阿拉伯板块北缘，东至我国东天山山脉，西至里海的广大区域。从地质上讲，这里南与阿拉伯板块接壤；东部的天山地区是世界上最大的纬向山系；东南部的帕米尔地区受欧亚板块、印度板块和阿拉伯板块挤压影响，应力复杂；北部进入了西伯利亚克拉通的范畴，地震相对稀少。地质构造特点决定了中亚五国地震主要集中分布在两个区域，一是东部的天山山脉—帕米尔－阿赖（Pamir-Alay）山脉一带，二是西部里海附近的东土库曼—霍拉桑（Khorasan）山脉一带。毗邻中亚五国的帕米尔地区的中深源地震对塔吉克斯坦有所影响，位于西天山南麓的塔吉克斯坦、西天山北麓的吉尔吉斯斯坦、里海东岸的土库曼斯坦相对地震多发，位于北部的哈萨克斯坦和乌兹别克斯坦地震活动性相对较弱。

吉尔吉斯斯坦的国境线基本勾勒出了西天山的大致范围。吉尔吉斯斯坦首都比什凯克位于西天山北麓，全境几乎均为天山山区地形。天山北麓地震相对频发，但考虑人口密度的因素，吉尔吉斯斯坦地震造成的人员伤亡数量不大。然而不可忽视的是，这些地震往往伴随着地震次生滑坡和地表破裂等次生地质灾害。伴生地震次生灾害是吉尔吉斯斯坦地震灾害的主要特点。

与吉尔吉斯斯坦类似，塔吉克斯坦全境大部分地区也为山区，帕米尔－阿赖山脉覆盖了其大部分国土。这里的历史地震同样频发，与天山北麓地震灾害类似，这里的地震也往往会造成严重的地震次生滑坡。1911 年 2 月 18 日的萨雷兹（Sarez）7.2 级地震引起的山体滑坡形成了世界上最高的 Usoi 堰塞坝和萨雷兹湖。1949 年 7 月 10 日的卡依特（Khait）7.5 级地震造成了约 7200 人死亡，大部分是地震引发的山体滑坡导致的。位于塔吉克斯坦南部的帕米尔构造结深震频发，这些地震对当地造成了一定的影响，但由于其震源往往在 200 km 以上，对塔吉克斯坦没有造成什么实质性的地震灾害。

从全境的角度看，哈萨克斯坦地震相对较少，多位于其东南部天山北麓地震频发地带。在天山北麓一带发生的造成较大地震灾害的历史地震包括 1911 年 1 月 3 日的楚河区（Chon-Kemin）8.0 级地震、1992 年 8 月 19 日的苏乌萨米尔（Suusamyr）7.2 级地震等。哈萨克斯坦东南部也位于天山北麓，与吉尔吉斯斯坦类似，伴生地震次生灾害也是这一地区地震灾害的一个特点。

乌兹别克斯坦东部的塔什干和纳曼干（Namangan）等地区位于天山和帕米尔 - 阿赖山脉一带，这里的地震灾害特点与吉尔吉斯斯坦和塔吉克斯坦等天山地区国家一致。乌兹别克斯坦西部地区，尤其是西北部地区人口密度不大，历史地震灾害也相对较少。震中位于乌兹别克斯坦境内且造成了一定灾害影响的历史地震包括 1984 年 3 月 19 日的加兹利（Gazli）7.0 级地震，有研究认为该次地震与附近的加兹利天然气田的开采有关。

里海东岸的土库曼斯坦是中亚五国中另一个地震灾害较重的国家，1929 年 5 月 1 日震中位于土库曼斯坦和伊朗交界处科佩特（Kopet Dag）的 7.2 级地震造成了 3250 人死亡，1948 年 10 月 5 日发生在土库曼斯坦首都阿什哈巴德附近的 7.2 级地震造成的伤亡在 1 万～11 万人之间。

2. 中亚五国重大地震灾害

本小节论述中亚五国及其周边地区 19 世纪末至 2024 年初的重大地震灾害事件。这里的“周边地区”指中亚五国国境线外延 100 km 的范围，重大地震灾害事件指震级 7.0 级及以上并造成了显著人员伤亡和经济损失的地震。此外，本书附录 2 收录了中亚五国及其周边地区 19 世纪末以来 13 个 7.0 级及以上但地震灾害信息不详或造成的人员伤亡和经济损失不大的地震，以及帕米尔构造节地区 20 世纪初以来 7 次 7.0 级及以上的中深源地震。

（1）1889年7月11日的奇利克（Chilik）8.3级地震发生在阿拉木图东部。这次地震在广大范围内有感。德国两个地震台站记录到了该地震的地震波。近年有研究认为该次地震后地表破裂总长度达到了175 km。

（2）1907年10月21日南天山的卡拉泰格（Karatag）7.4级地震的信息同样有限，不同文献记录中的震中差异在200 km以上，有研究认为这次地震是一个双震事件。目前明确可知的是，这次地震造成了山体滑坡和地表破裂，造成了150栋房屋倒塌和1500余人死亡。

（3）1911年2月18日发生在天山山脉中部东塔吉克斯坦的萨雷兹（Sarez）7.2级地震引起了山体滑坡，滑坡体阻断了穆尔加布（Murghab）河，形成了世界上最高的Usoi堰塞坝和萨雷兹湖。该次地震及次生滑坡造成90～302人死亡。

（4）1929年5月1日震中位于土库曼斯坦和伊朗交界处科佩特（Kopet Dag）的7.2级地震造成了3250人死亡，88个村庄受到破坏。地震造成的地表破裂沿Baghan-Germab断层长达50 km。

（5）1948年10月5日发生在土库曼斯坦首都阿什哈巴德附近的7.2级地震是土库曼斯坦历史上最大的地震。地震震中位于阿什哈巴德西南25 km处，造成了阿什哈巴德市及其附近地区的严重破坏，几乎所有的砖石房屋均倒塌，混凝土结构房屋也受到了严重破坏。地震造成的伤亡波及伊朗，地表破裂遍及阿什哈巴德西北和东南地区。地震造成的人员死亡数量在1万～10万之间。

（6）1949年7月10日的卡依特（Khait）7.5级地震发生在塔吉克斯坦边境地区附近。地震造成了约7200人死亡，大部分是地震引发的山体滑坡导致的。卡依特（Khait）镇和Khisorak几乎完全被山体滑坡掩埋，无数的牧民定居屋被黄土掩埋。黄土滑坡体的覆盖面积达到了24.4 km^2，在Obi-Kabud河西岸的地震滑坡黄土堆积厚度达到了25 m。

（7）1962年9月1日的布因·扎赫拉（Buin Zahra）7.0级地震的发震断层为Ipak断层。地震造成12225人死亡，2776人受伤，21310间房屋损毁，大多数被损毁的房屋是砖石和夯土结构。伊朗全国35%的牲畜死于这场地震。

（8）1990 年 6 月 20 日曼吉勒－鲁德巴尔（Manjil-Rudbar）7.4 级地震震中位于伊朗北部里海附近，地震的受灾区域包括伊朗首都德黑兰、鲁德巴尔（Rudbar）和曼吉勒（Manjil），受灾面积达到 20000 km^2。地震造成了 35000～50000 人死亡，60000～105000 人受伤，40 万人无家可归。地震发生于午夜，震区居民大多数均在未设防的夯土房屋中熟睡，这是此次地震造成大量伤亡的主要原因。主震发生后的当天清晨，6.5 级余震袭击了雷什特市（Rasht），余震造成了溃坝、洪水和滑坡。主震和余震共造成了 223 次地震滑坡。灾害最严重的地区是曼吉勒（Manjil）和鲁德巴尔（Rudbar）。砂土液化在地震震中东北 80 km 处也造成了严重破坏，摧毁了运河和输油管线。地震造成里海发生 2 m 高的海啸，海啸侵入内陆 1 km。

（9）2002 年 3 月 3 日的兴都库什 7.3 级地震为中源地震，震源深度 205 km。地震造成了至少 166 人死亡，400 间房屋被地震导致的滑坡掩埋。22 天后的 2002 年 3 月 25 日，同一震中位置发生 6.1 级地震，虽震级较小，但因震源深度小，造成了 1200 人以上死亡。这两次地震在巴基斯坦、塔吉克斯坦、乌兹别克斯坦、吉尔吉斯斯坦和哈萨克斯坦仅有感。

（10）2015 年 10 月 26 日的兴都库什 7.5 级地震为中源地震，震源深度 212 km。地震共造成了 399 人死亡，主要伤亡发生在阿富汗和巴基斯坦，塔吉克斯坦有 14 名儿童受伤。

3. 中亚五国综合等震线

1906—2023 年，对中亚五国影响较大的 7.0 级及以上地震综合等震线图见图 3-1，图中给出了某地历史上遭遇过的最大地震烈度。这些地震的震中位置、造成的人员伤亡和中亚五国人口密度分布见图 3-2。地震震中范围取中亚五国国界外延 100 km 范围。附表 3-1 为这些地震及造成伤亡情况的列表。

4. 小结

总体来说中亚五国人口密度不大，一些发生在人口稀少地区的地震虽然震级较大，但未造成明显的灾害。同时，中亚五国普遍房屋建筑抗震性能较差，往往震级不大的地震也能造成大量的人员伤亡。此外，中亚五国发生在山区的地震往往会引发比较明显的滑坡等地震次生灾害，这些次生灾害有时会成为地震造成人员伤亡的主要原因，也严重威胁着输油气管线、公路等基础设施的安全。

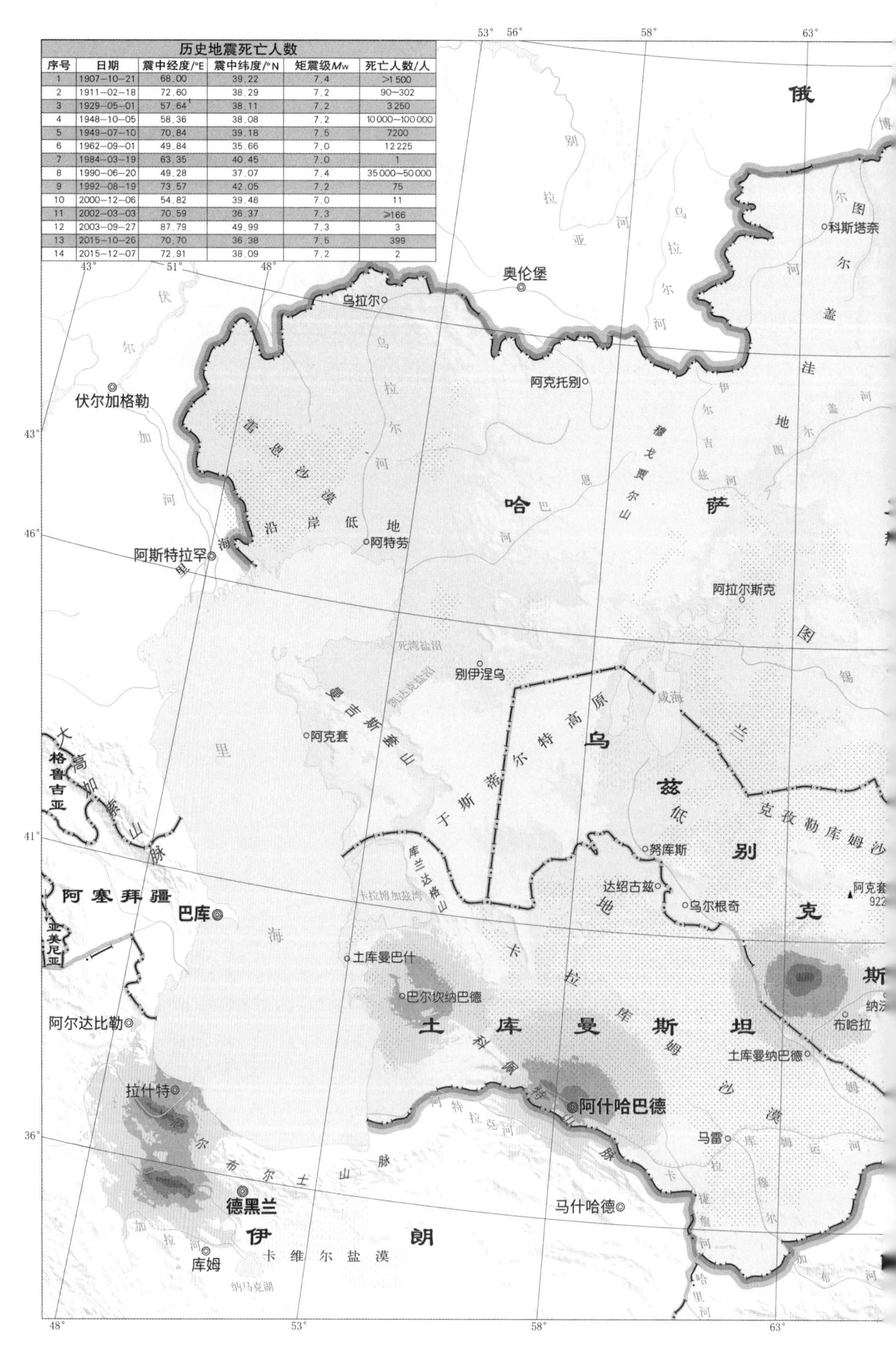

历史地震死亡人数					
序号	日期	震中经度/°E	震中纬度/°N	矩震级M_w	死亡人数/人
1	1907-10-21	68.00	39.22	7.4	>1500
2	1911-02-18	72.60	38.29	7.2	90~302
3	1929-05-01	57.64	38.11	7.2	3250
4	1948-10-05	58.36	38.08	7.2	10000~100000
5	1949-07-10	70.84	39.18	7.5	7200
6	1962-09-01	49.84	35.66	7.0	12225
7	1984-03-19	63.35	40.45	7.0	1
8	1990-06-20	49.28	37.07	7.4	35000~50000
9	1992-08-19	73.57	42.05	7.2	75
10	2000-12-06	54.82	39.48	7.0	11
11	2002-03-03	70.59	36.37	7.3	≥166
12	2003-09-27	87.79	49.99	7.3	3
13	2015-10-26	70.70	36.38	7.5	399
14	2015-12-07	72.91	38.09	7.2	2

图 3-1　对中亚五国影响较大的 7.0 级及以上地震综合等震线图

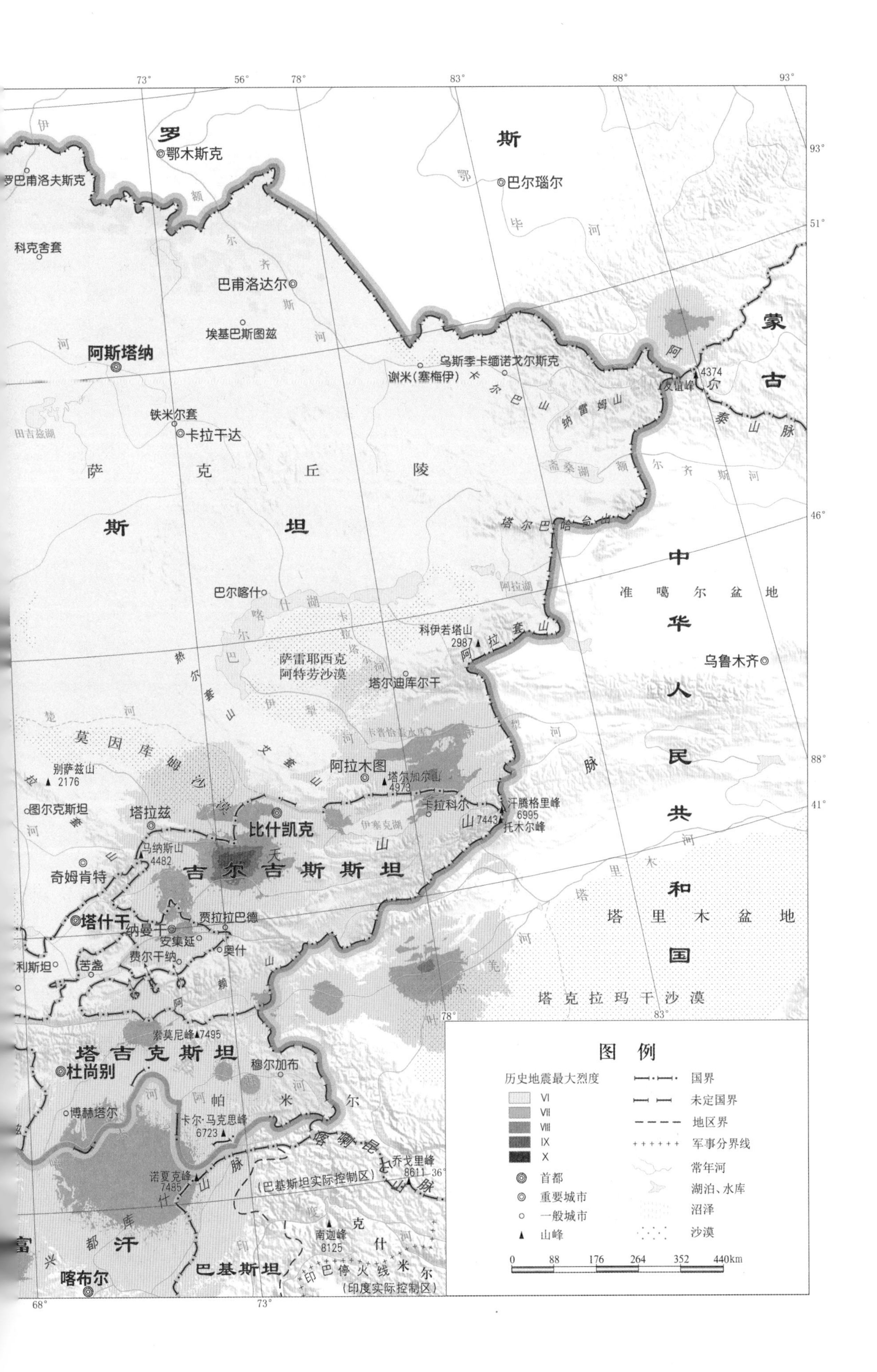
罗
斯
鄂木斯克
巴尔瑙尔
巴甫洛达尔
埃基巴斯图兹
阿斯塔纳
乌斯季卡缅诺戈尔斯克
谢米(塞梅伊)
铁米尔套
卡拉干达
萨 克 丘 陵
斯 坦
巴尔喀什
萨雷耶西克
阿特劳沙漠
塔尔迪库尔干
阿拉木图
比什凯克
吉尔吉斯斯坦
塔什干
塔吉克斯坦
杜尚别
喀布尔
巴基斯坦
蒙
古
中
华
人
民
共
和
国
准噶尔盆地
乌鲁木齐
塔里木盆地
塔克拉玛干沙漠
汗腾格里峰
6995
托木尔峰
索莫尼峰7495
卡尔·马克思峰
6723
诺夏克峰
7485
乔戈里峰
8611
南迦峰
8125
(巴基斯坦实际控制区)
(印度实际控制区)
印巴停火线
图例
历史地震最大烈度
VI
VII
VIII
IX
X
首都
重要城市
一般城市
山峰
国界
未定国界
地区界
军事分界线
常年河
湖泊、水库
沼泽
沙漠
0 88 176 264 352 440km

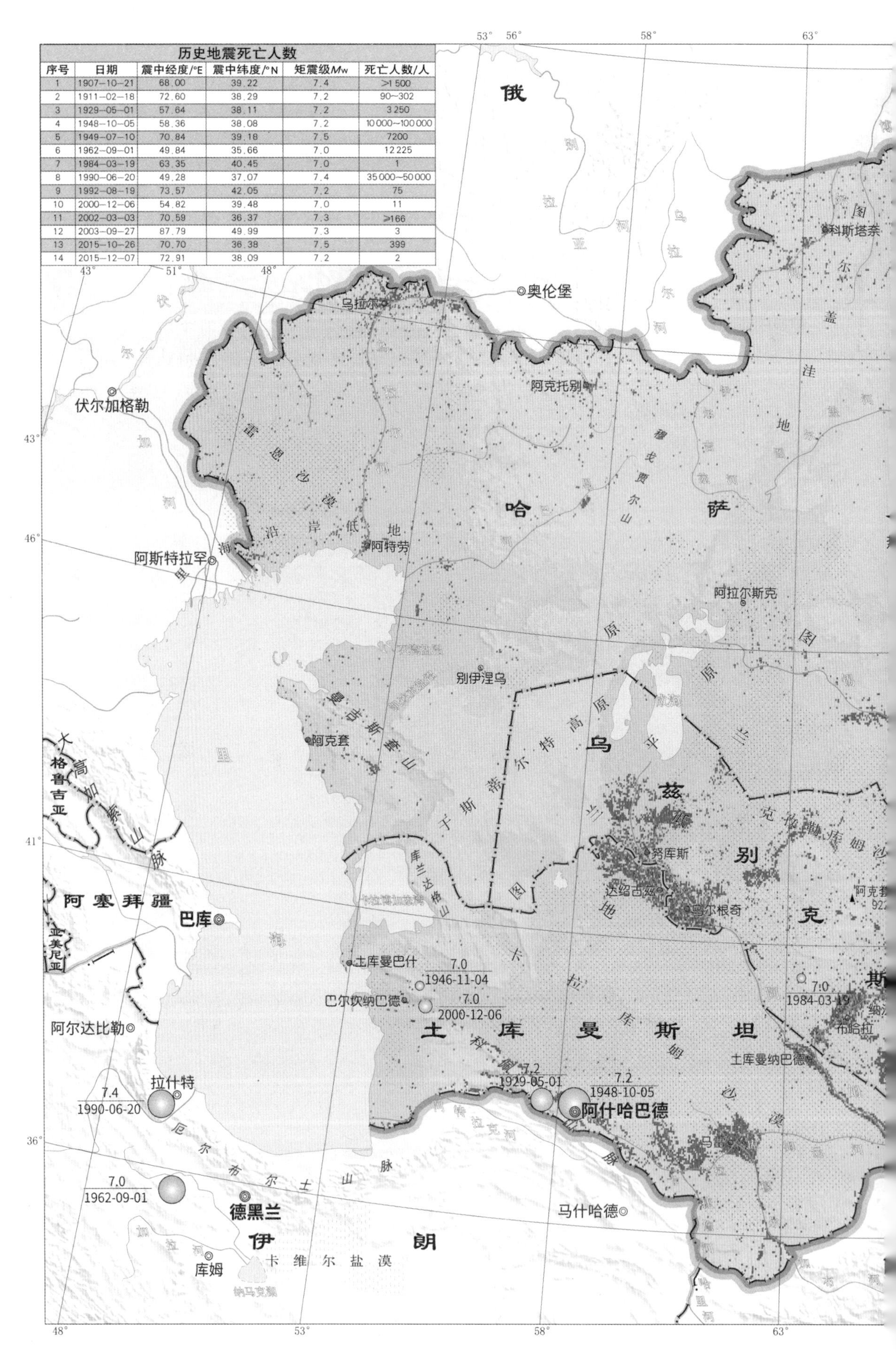

历史地震死亡人数

序号	日期	震中经度/°E	震中纬度/°N	矩震级M_w	死亡人数/人
1	1907-10-21	68.00	39.22	7.4	>1 500
2	1911-02-18	72.60	38.29	7.2	90~302
3	1929-05-01	57.64	38.11	7.2	3 250
4	1948-10-05	58.36	38.08	7.2	10 000~100 000
5	1949-07-10	70.84	39.18	7.5	7200
6	1962-09-01	49.84	35.66	7.0	12 225
7	1984-03-19	63.35	40.45	7.0	1
8	1990-06-20	49.28	37.07	7.4	35 000~50 000
9	1992-08-19	73.57	42.05	7.2	75
10	2000-12-06	54.82	39.48	7.0	11
11	2002-03-03	70.59	36.37	7.3	≥166
12	2003-09-27	87.79	49.99	7.3	3
13	2015-10-26	70.70	36.38	7.5	399
14	2015-12-07	72.91	38.09	7.2	2

图 3-2　对中亚五国影响较大的 7.0 级及以上地震的震中位置、造成的人员伤亡和中亚五国人口密度分布

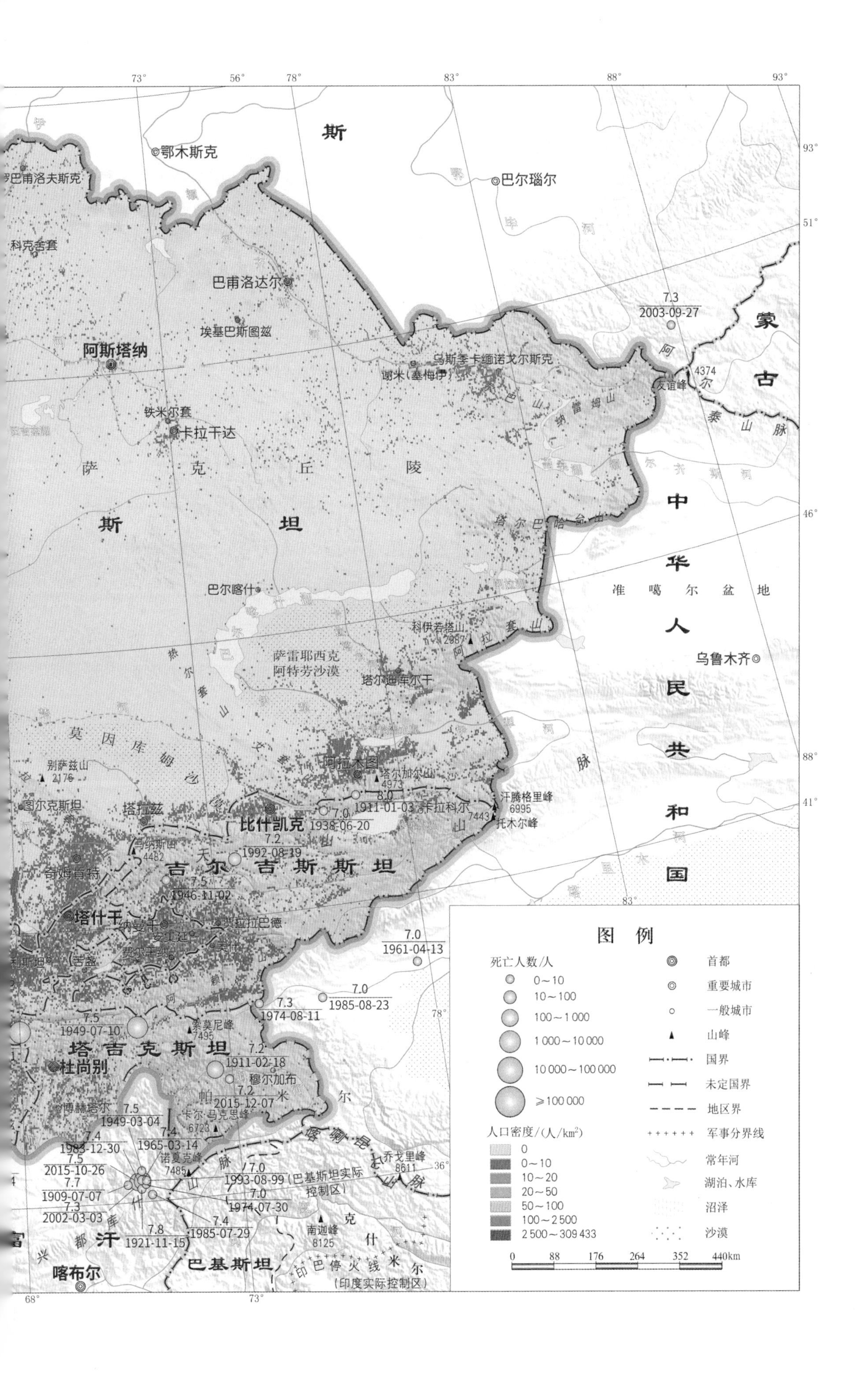

斯
鄂木斯克
巴尔瑙尔
巴甫洛夫斯克
科克舍套
巴甫洛达尔
埃基巴斯图兹
阿斯塔纳
乌斯季卡缅诺戈尔斯克
谢米（塞梅伊）
铁米尔套
卡拉干达
萨
克
丘
陵
斯
坦
巴尔喀什
萨雷耶西克
阿特劳沙漠
塔尔迪库尔干
莫因库姆沙漠
别萨兹山
2176
图尔克斯坦
塔拉兹
阿拉木图
塔尔加尔山
4973
8.0
1911-01-03
卡拉科尔
7.0
1938-06-20
比什凯克
汗腾格里峰
6995
7443
托木尔峰
7.2
1992-08-19
吉尔吉斯斯坦
奇姆肯特
7.5
1946-11-02
塔什干
纳曼干
安集延
贾拉拉巴德
费尔干纳
7.0
1961-04-13
7.3
1974-08-11
7.0
1985-08-23
7.5
1949-07-10
索莫尼峰
7495
塔吉克斯坦
杜尚别
7.2
1911-02-18
穆尔加布
7.2
2015-12-07
帕
米
尔
博赫塔尔
7.5
1949-03-04
卡尔·马克思峰
6723
7.4
1983-12-30
7.4
1965-03-14
诺夏克峰
7485
7.5
2015-10-26
7.7
1909-07-07
7.3
2002-03-03
1993-08-99（巴基斯坦实际控制区）
7.0
1974-07-30
7.8
1921-11-15
7.4
1985-07-29
乔戈里峰
8611
南迦峰
8125
汗
巴基斯坦
喀布尔
印巴停火线
（印度实际控制区）
7.3
2003-09-27
蒙
古
友谊峰
4374
阿尔泰山脉
中
华
人
民
共
和
国
准噶尔盆地
乌鲁木齐
科伊若塔山
2987
塔尔巴哈台山
纳雷姆山
73°
56°
78°
83°
88°
93°
51°
46°
41°
36°
68°
图例
死亡人数/人
0～10
10～100
100～1 000
1 000～10 000
10 000～100 000
≥100 000
人口密度/(人/km²)
0
0～10
10～20
20～50
50～100
100～2 500
2 500～309 433
首都
重要城市
一般城市
山峰
国界
未定国界
地区界
军事分界线
常年河
湖泊、水库
沼泽
沙漠
0
88
176
264
352
440km

第 4 章 地质构造

1. 区域地质概况

中亚五国位于欧亚大陆的南侧，紧邻印度板块和阿拉伯板块。整个中亚五国，按照地形的分布，可以分为三部分，分别为帕米尔高原、西天山山脉及哈萨克斯坦地块。其中哈萨克斯坦地块包括哈萨克斯坦、乌兹别克斯坦以及土库曼斯坦。西天山山脉地块主要为吉尔吉斯斯坦。帕米尔高原地块主要为塔吉克斯坦。哈萨克斯坦地块相对平整开阔，没有地形上的大幅度起伏。西天山山脉地区的最高峰为托木尔峰，海拔高达 7443 m。西天山山脉地区主要由盆地和山脉组成，海拔相对较高，最低点为伊塞克湖，湖面海拔高度也在 1600 m 左右。帕米尔高原东部相对平整，海拔相对较高，在 5000～6000 m 之间；帕米尔高原西部海拔相对较低，在 2000～5000 m 之间，但地形高差大，最大地形高差可达到 3000 m 以上。

在中亚五国，帕米尔高原和西天山山脉相交的位置，即塔吉克斯坦北部和吉尔吉斯斯坦南部，主要为大型的逆冲断层，比如主帕米尔逆冲断裂带（Main Pamir Thrust，MPT）、帕米尔前缘逆冲断裂带（Pamir Frontal Thrust，PFT）。而从土库曼斯坦到哈萨克斯坦，除了发育一系列小规模的逆冲断层和逆冲背斜外，主要特征是发育一系列大型的右旋走滑断层。自南向北，这些断层分别为科佩达格断裂（Kopeh Dagh Fault）、塔拉斯－费尔干纳断裂（Talas-Fergana Fault）、扎莱尔－奈曼断裂（Dzhalair-Naiman Fault）、额尔齐斯断裂（Irtysh Fault）、准噶尔断裂（Junggar Fault）、钦吉兹断裂（Chingiz Fault）。

2. 区域地层展布

中亚五国按照地貌、构造和地层展布特征，可以划分为帕米尔地层区、天山地层区、北哈萨克斯坦地层区以及南哈萨克斯坦－土库曼斯坦地层区四个地层区，四个地层区内分布的地层有所不同（图 4-1）。地层划分和地层命名参考《1∶500 万国际亚洲地质图》。

最古老的地层为元古宇（距今 25 亿～5.4 亿年），基底岩石零星出露在帕米尔地层区、天山地层区和北哈萨克斯坦地层区。

古生界（距今 5.4 亿～2.5 亿年）岩石主要出露在帕米尔地层区、天山地层区和北哈萨克斯坦地层区，在南哈萨克斯坦 - 土库曼斯坦地层区也有出露，主要在乌兹别克斯坦南部、艾达尔库尔湖以南区域。古生界的花岗岩主要保存在天山地层区和北哈萨克斯坦地层区。

中生界（距今 2.5 亿～0.66 亿年）岩石在四个地层区都有广泛的发育并且地层序列保存相对完好。在北哈萨克斯坦地层区，中生界岩石主要保存在巴尔喀什湖以北地区。中生界花岗岩主要保存在帕米尔地层区、天山地层区和北哈萨克斯坦地层区，在乌兹别克斯坦南部、艾达尔库尔湖以南区域也有少量出露。

新生界（0.66 亿年前至今）主要分布在南哈萨克斯坦 - 土库曼斯坦地层区以及北哈萨克斯坦地层区。在北哈萨克斯坦地层区，新生界主要分布在巴尔喀什湖以南和天山以北地区。在天山地层区，少量保存在山间盆地之间，比如纳曼干盆地。

3. 区域构造演化

中亚五国在构造上属于中亚造山带，经历了新元古代到晚古生代长期而复杂的构造演化历史，是显生宙陆壳增生和大陆成矿作用最强烈的重要构造域之一。中亚造山带西起里海，东临西太平洋北部，横跨俄罗斯、哈萨克斯坦、土库曼斯坦、吉尔吉斯斯坦、乌兹别克斯坦、塔吉克斯坦、蒙古国及中国北方，是全球最大的大陆造山带。

中 - 晚奥陶纪（距今约 4.6 亿年），中亚造山带为古亚洲洋，横亘在西伯利亚古地块和波罗地古地块之间，并且两个古地块开始汇聚。

早 - 中泥盆纪（距今约 3.95 亿年），柯切塔夫 - 北天山地区、成吉思弧、泥盆纪火山带等以柯切塔夫 - 北天山地区为中心拼接在一起。

二叠纪末至早三叠纪（距今 2.55 亿～2.46 亿年），哈萨克斯坦拼接系统、塔里木盆地、蒙古拼接系统等拼接在一起，古亚洲洋消失，并且形成天山山脉、昆仑山脉、帕米尔高原等山脉。

新生代以来（0.66 亿年前至今），受印度板块俯冲欧亚板块的影响，天山山脉等再次活化并形成现今的构造格局。

图 4-1　中亚五国地质构造图

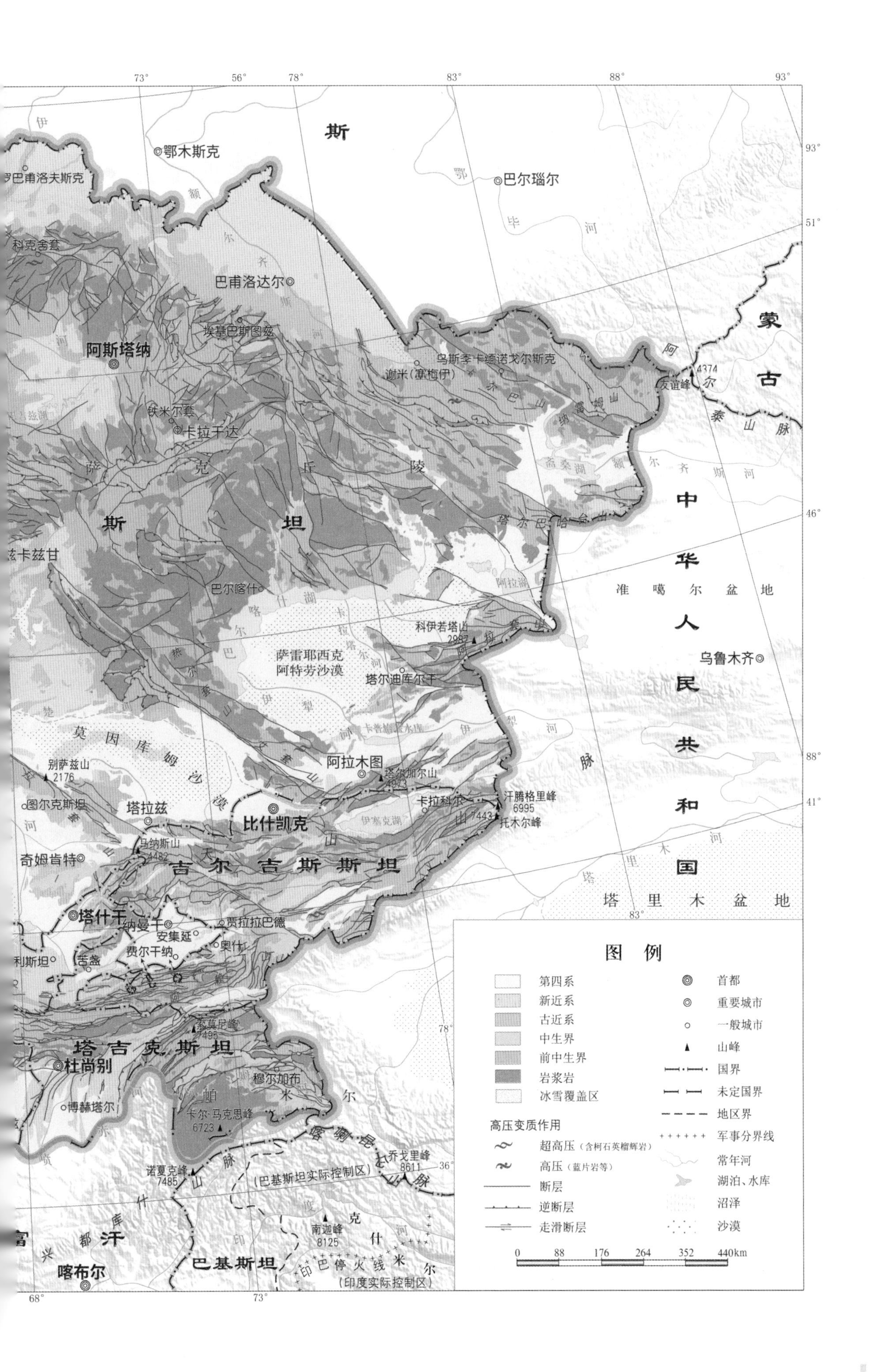

斯
鄂木斯克
巴尔瑙尔
巴甫洛达尔
埃基巴斯图兹
阿斯塔纳
乌斯季卡缅诺戈尔斯克
谢米(塞梅伊)
卡拉干达
萨 克 丘 陵
斯 坦
蒙 古
友谊峰
4374
中
华
人
民
共
和
国
准噶尔盆地
乌鲁木齐
巴尔喀什
科伊若塔山
萨雷耶西克
阿特劳沙漠
塔尔迪库尔干
阿拉木图
比什凯克
吉尔吉斯斯坦
汗腾格里峰
6995
托木尔峰
7443
塔里木盆地
塔拉兹
奇姆肯特
塔什干
纳曼干
安集延
贾拉拉巴德
费尔干纳
塔吉克斯坦
杜尚别
博赫塔尔
穆尔加布
卡尔·马克思峰
6723
诺夏克峰
7485
乔戈里峰
8611
(巴基斯坦实际控制区)
南迦峰
8125
巴基斯坦
喀布尔
印巴停火线
(印度实际控制区)
图例
第四系
新近系
古近系
中生界
前中生界
岩浆岩
冰雪覆盖区
高压变质作用
超高压(含柯石英榴辉岩)
高压(蓝片岩等)
断层
逆断层
走滑断层
首都
重要城市
一般城市
山峰
国界
未定国界
地区界
军事分界线
常年河
湖泊、水库
沼泽
沙漠
0 88 176 264 352 440km

第5章 地震构造

中亚五国位于欧亚板块的南侧，紧邻印度板块和阿拉伯板块。印度板块和阿拉伯板块俯冲于欧亚板块之下，导致中亚五国南部和东部强烈变形，活动构造发育，强震频发。该区的主要地震构造包括天山地区的北西向断裂——钦吉兹断裂（Chingiz Fault，CHF）、准噶尔断裂（Junggar Fault，JF，该断裂延伸至中国境内，也被称为博罗科努 - 阿其克库都克断裂）、额尔齐斯断裂（Irtysh Fault，IF）、扎莱尔 - 奈曼断裂（Dzhalair-Naiman Fault，DNF）、塔拉斯 - 费尔干纳断裂（Talas-Fergana Fault，TFF），天山内部的奇利克断裂（Chilik Fault，CF）、川克明断裂（Chon Kemin Fault，CKF）、纳伦断裂（Naryn Fault，NF）等，帕米尔地区的主帕米尔逆冲断裂带（Main Pamir Thrust，MPT）、帕米尔前缘逆冲断裂带（Pamir Frontal Thrust，PFT），科佩达格山脉的阿普歇伦半岛 - 巴尔坎构造带（Apsheron Balkan Fault，ABF）、科佩达格断裂（Kopeh Dagh Fault，KDF）等。

中亚五国的地震活动主要沿着科佩达格山脉—兴都库什山脉—帕米尔高原—天山山脉发生，隶属于欧亚地震带（又称“阿尔卑斯 - 喜马拉雅地震带”）。该地震带为全球第二大地震带，横跨亚、欧、非三大洲，全长超过 2 万 km，释放的能量约占全球地震释放总能量的 15%。根据历史地震震中分布、震级等相关参数和活动断裂等地质资料，区内主要划分为天山地震区、帕米尔地震区和科佩达格地震区。中亚五国地震构造图见图 5-1。

1. 天山地震区

该区地震活动活跃，由南向北发育了一系列大型的右旋走滑断层，如科佩达格断裂、塔拉斯 - 费尔干纳断裂、扎莱尔 - 奈曼断裂、额尔齐斯断裂、准噶尔断裂、钦吉兹断裂等，断裂沿线曾发生多次 7 级以上大地震。其中准噶尔断裂和塔拉斯 - 费尔干纳断裂为贯穿天山山脉的巨型断裂。准噶尔断裂全长 1600 余千米，进入中国境内转为北西西向，在东天山内部形成明显的线性槽谷；在吐鲁番以东，其走向转变为近东西向，活动性明显减弱；在哈萨克斯坦境内，断裂的右旋滑动速率为（2.2 ± 0.8）mm/a。塔拉斯 - 费尔干纳断裂全长近 1000 km，贯穿天山西段，断裂起于哈萨克斯坦境内，经吉尔吉斯斯坦，南东端点终止于乌恰县的北东侧，在吉尔吉斯斯坦境内，断裂的右旋滑动速率为 2.2 ～ 6.3 mm/a。

在西天山，除了大型走滑断层外，天山内部盆地两侧还发育一系列北北东向小规模的逆冲断层，单条断裂的垂向滑动速率约为 1 mm/a，长度为 100 ～ 300 km，历史上曾发生多次 7 级地震、两次 8 级地震——奇利克 1889 年 8.3 级地震和川克明 1911 年 8 级地震。

2. 帕米尔地震区

帕米尔和天山山脉相交的位置主要发育大型的逆冲断层，例如主帕米尔逆冲断裂带、帕米尔前缘逆冲断裂带等。沿断裂带发生了 1974 年乌恰 7.0 级地震、1985 年乌恰 7.0 级地震等。帕米尔高原腹地发育萨列兹 - 穆尔加布断裂带，该断裂带 1911 年发生的 7.2 级地震形成的萨列兹湖为堰塞湖，于 2015 年再次发生 7.2 级地震。在帕米尔地震区的西部发育北东向吉赛尔 - 阔克萨彦岭断裂，达瓦兹断裂、塔吉克 - 阿富汗断裂等为帕米尔逆冲断层带尾端断裂，历史上发生过 1907 年杜尚别大地震。

3. 科佩达格地震区

科佩达格地震区为中亚五国南部地震活动较为集中的地区，地处阿拉伯板块与欧亚板块碰撞带的东北缘，形成了北西向褶皱山系，包括海拔 2000 ～ 3000 m 的科佩达格（Kopeh Dagh）山脉和比纳努德（Binalud）山脉。沿科佩达格山脉展布的主科佩达格断层从里海边境一直延伸至伊朗—阿富汗一带，规模达 500 km 以上，往西与高加索山脉相连。1900 年以来该断裂带发生过 3 次 7 级以上地震，包括 1948 年阿什哈巴德 7.2 级地震，对土库曼斯坦首都造成了毁灭性的破坏。

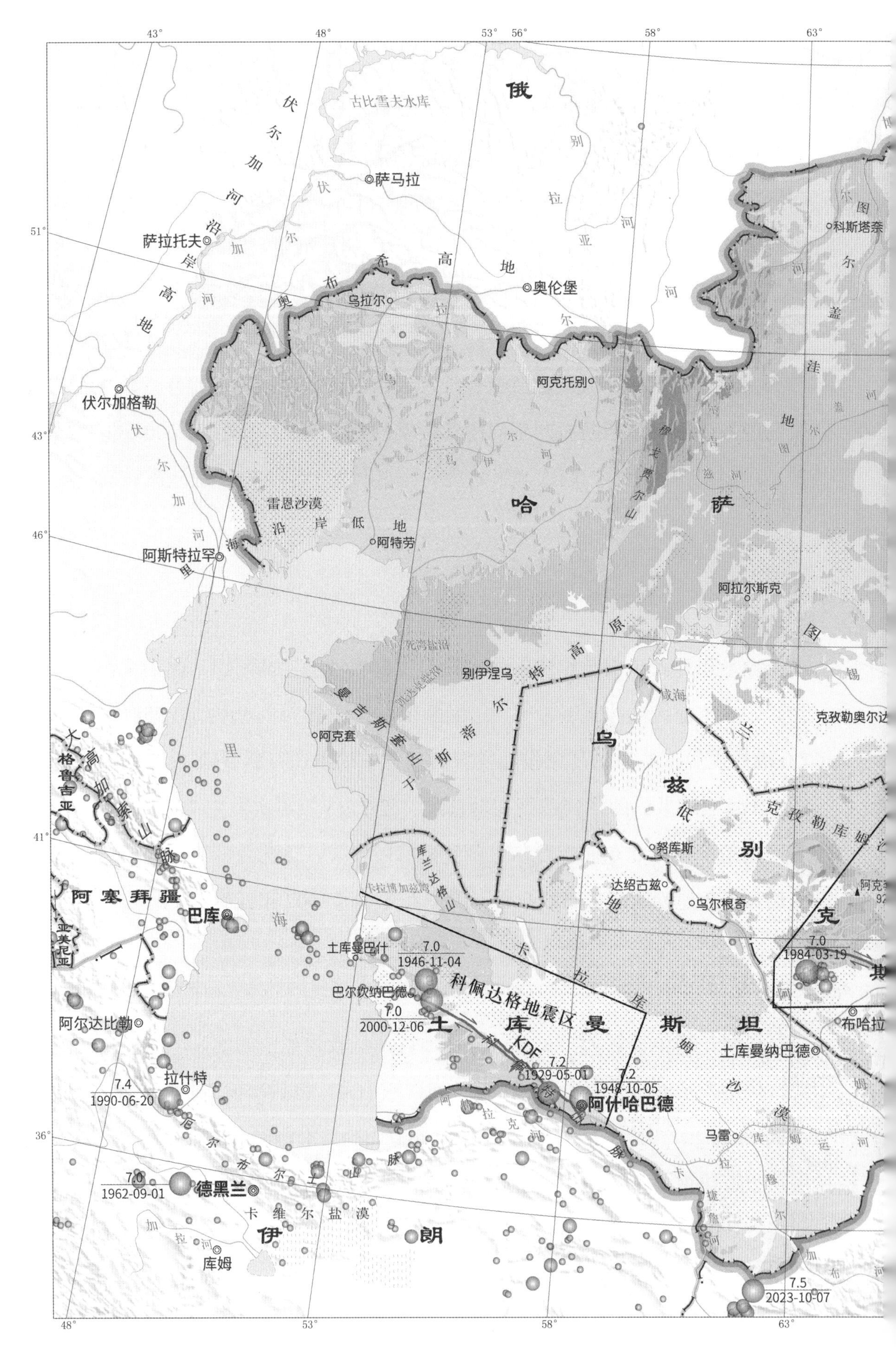

图 5-1　中亚五国地震构造图

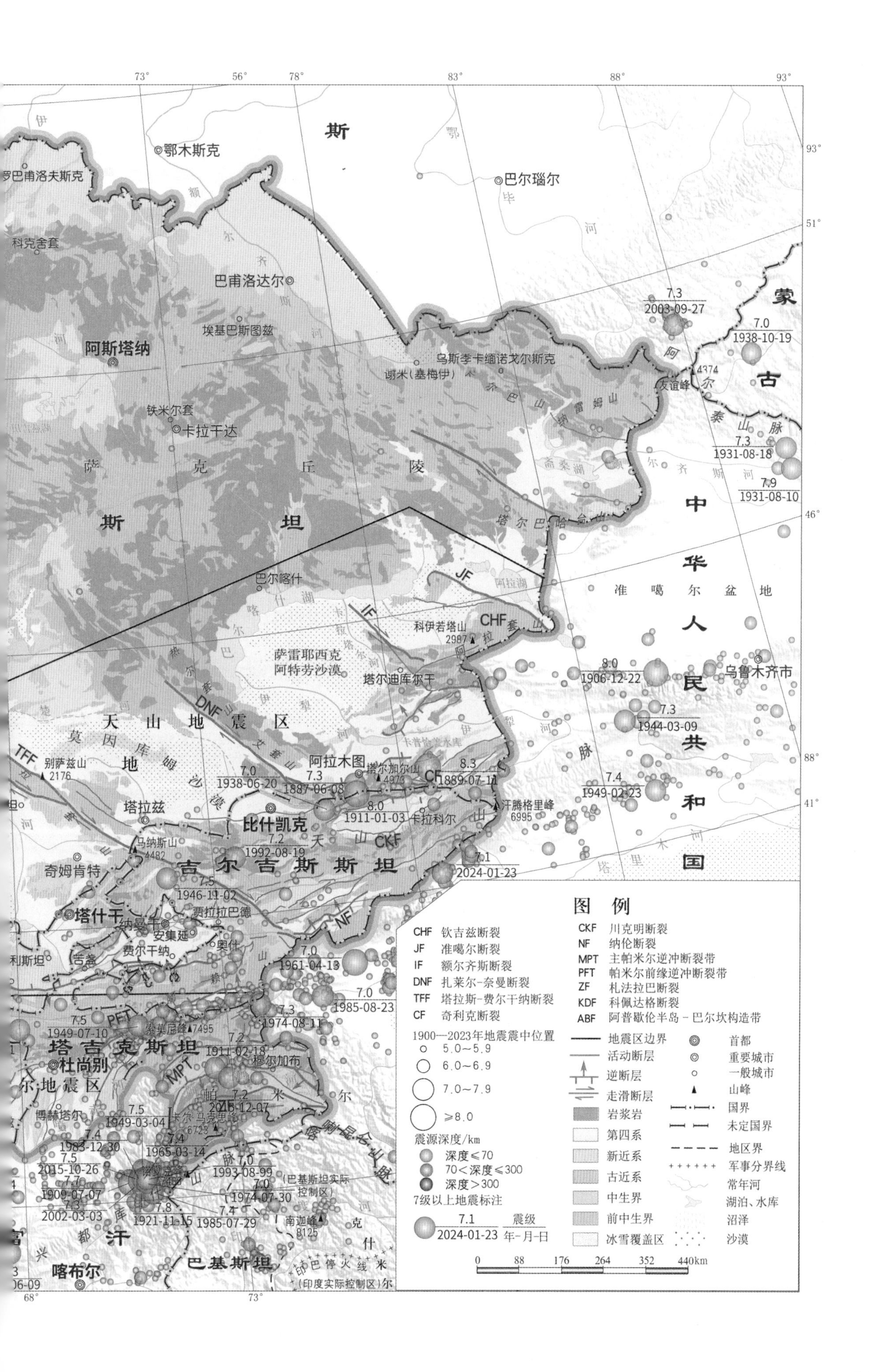

斯
鄂木斯克
罗巴甫洛夫斯克
巴尔瑙尔
科克舍套
巴甫洛达尔
埃基巴斯图兹
阿斯塔纳
乌斯季卡缅诺戈尔斯克
谢米（塞梅伊）
铁米尔套
卡拉干达
萨 克 丘 陵
斯 坦
巴尔喀什
蒙
古
中
华
人
民
共
和
国
准 噶 尔 盆 地
乌鲁木齐市
阿尔泰山脉
友谊峰
4374
7.3
2003-09-27
7.0
1938-10-19
7.3
1931-08-18
7.9
1931-08-10
JF
IF
CHF
科伊若塔山
2987
萨雷耶西克
阿特劳沙漠
塔尔迪库尔干
8.0
1906-12-22
7.3
1944-03-09
7.4
1949-02-23
天 山 地 震 区
DNF
TFF
别萨兹山
2176
阿拉木图
7.0
1938-06-20
7.2
1887-06-08
8.3
1889-07-11
CF
8.0
1911-01-03
卡拉科尔
汗腾格里峰
6995
比什凯克
塔拉兹
7.2
1992-08-19
CKF
7.1
2024-01-23
乌纳斯山
4482
吉尔吉斯斯坦
奇姆肯特
7.5
1946-11-02
塔什干
纳曼干
贾拉拉巴德
安集延
费尔干纳
奥什
NF
7.0
1961-04-13
7.0
1985-08-23
7.3
1974-08-11
7.5
1949-07-10
PFT
索莫尼峰
7495
塔吉克斯坦
杜尚别
7.2
1911-02-18
穆尔加布
MPT
7.5
1949-03-04
7.2
2015-12-07
卡尔马克思峰
6723
7.4
1983-12-30
7.4
1965-03-14
7.5
2015-10-26
7.0
1993-08-09
7.7
1909-07-07
7.0
1974-07-30
（巴基斯坦实际控制区）
7.3
2002-03-03
7.8
1921-11-15
7.4
1985-07-29
南迦峰
8125
喀布尔
巴基斯坦
印巴停火线
（印度实际控制区）
73°
56°
78°
83°
88°
93°
51°
46°
41°
68°
图 例
CHF 钦吉兹断裂
JF 准噶尔断裂
IF 额尔齐斯断裂
DNF 扎莱尔-奈曼断裂
TFF 塔拉斯-费尔干纳断裂
CF 奇利克断裂
CKF 川克明断裂
NF 纳伦断裂
MPT 主帕米尔逆冲断裂带
PFT 帕米尔前缘逆冲断裂带
ZF 札法拉巴断裂
KDF 科佩达格断裂
ABF 阿普歇伦半岛－巴尔坎构造带
1900—2023年地震震中位置
5.0～5.9
6.0～6.9
7.0～7.9
≥8.0
震源深度/km
深度≤70
70＜深度≤300
深度＞300
7级以上地震标注
7.1
2024-01-23
震级
年-月-日
地震区边界
活动断层
逆断层
走滑断层
岩浆岩
第四系
新近系
古近系
中生界
前中生界
冰雪覆盖区
首都
重要城市
一般城市
山峰
国界
未定国界
地区界
军事分界线
常年河
湖泊、水库
沼泽
沙漠
0 88 176 264 352 440km

第 6 章　地震危险性

本章以不同超越概率水平的地震动峰值加速度为指标，给出了Ⅱ类场地条件下的中亚五国地震危险性分区图（图 6-1～图 6-4）。分区原则与《中国地震动参数区划图》（GB 18306—2015）Ⅱ类场地条件下地震动峰值加速度分区原则一致。在 50 年 2% 和 100 年 1% 的超越概率水平下，相比于《中国地震动参数区划图》（GB 18306—2015），将 0.40 *g* 分区范围设定为 0.38 *g*～0.56 *g*，同时增加了 0.60 *g*（0.56 *g*～0.76 *g*）和＞ 0.80 *g*（＞ 0.76 *g*）两个分区（表 6-1）。本章中的地震危险性结果，可作为地震灾害风险识别评估使用，不能直接用于建设工程抗震设防。50 年超越概率 10% 的危险性结果可与《中国地震动参数区划图》（GB 18306—2015）附录 A. 1 对照参考使用。

表 6-1　地震动峰值加速度分挡范围　（单位：*g*）

峰值加速度分挡代表值	<0.05	0.05	0.10	0.15	0.20	0.30	0.40	0.60	>0.80
峰值加速度范围/*g*	<0.04	0.04~0.09	0.09~0.14	0.14~0.19	0.19~0.28	0.28~0.38	0.38~0.56	0.56~0.76	>0.76

图 6-1～图 6-4 给出的是Ⅱ类场地地震动峰值加速度分区图，按照《中国地震动参数区划图》（GB 18306—2015）中定义的其他类别场地地震动峰值加速度，需要根据表 6-2 中的参数调整得到。这个原则与《中国地震动参数区划图》（GB 18306—2015）的相关规定是一致的。

表 6-2　场地地震动峰值加速度调整参数表

Ⅱ类场地地震动峰值加速度	场地类别				
	I_u	I_1	Ⅱ	Ⅲ	Ⅳ
0.05 *g*	0.72	0.80	1.00	1.30	1.25
0.10 *g*	0.74	0.82	1.00	1.25	1.20
0.15 *g*	0. 75	0. 83	1. 00	1. 15	1. 10

续表

Ⅱ类场地地震动峰值加速度	场地类别				
	I_u	I_1	Ⅱ	Ⅲ	Ⅳ
0.20 *g*	0. 76	0. 85	1. 00	1. 00	1. 00
0.30 *g*	0. 85	0.95	1. 00	1. 00	0.95
0.40 *g*	0.90	1. 00	1. 00	1. 00	0.90

50 年 63% 的超越概率水平下（相当于重现期约 50 年），中亚五国地震动峰值加速度大多在 0.10 *g*（相当于烈度Ⅶ度）及以下，只有东南部沿天山和欧亚地震带地区的地震动峰值加速度达到了 0.15 *g*（相当于烈度Ⅶ度半）。

50 年 10% 的超越概率水平下（相当于重现期约 500 年），中亚五国东南部地震动峰值加速度大多达到了 0.20 *g*（相当于烈度Ⅷ度）及以上，天山—帕米尔高原的大面积地区达到了 0.40 *g*（相当于烈度Ⅸ度），仅有北部平原地区的平均场地地震动峰值加速度在 0.15 *g* 及以下（相当于烈度Ⅶ度半及以下）。

50 年 2% 的超越概率水平下（相当于重现期约 2500 年），中亚五国东南部地震动峰值加速度在绝大多数地区均达到了 0.30 *g*（相当于烈度Ⅷ度半）及以上，南部天山—帕米尔山区基本位于 0.40 *g* 及以上（相当于烈度Ⅸ度及以上）。

100 年 1% 的超越概率水平下（相当于重现期约 10000 年），中亚五国东南部绝大部分地区的地震动峰值加速度均达到了 0.80 *g* 以上（相当于Ⅹ度以上）。

总体上看，中亚五国的地震危险性在东南部与我国新疆天山地区的地震危险性接近。具体而言，南部、东南部地震危险性极高，西南部和东部地震危险性较高，北部、西部平原地区地震危险性相对较低。

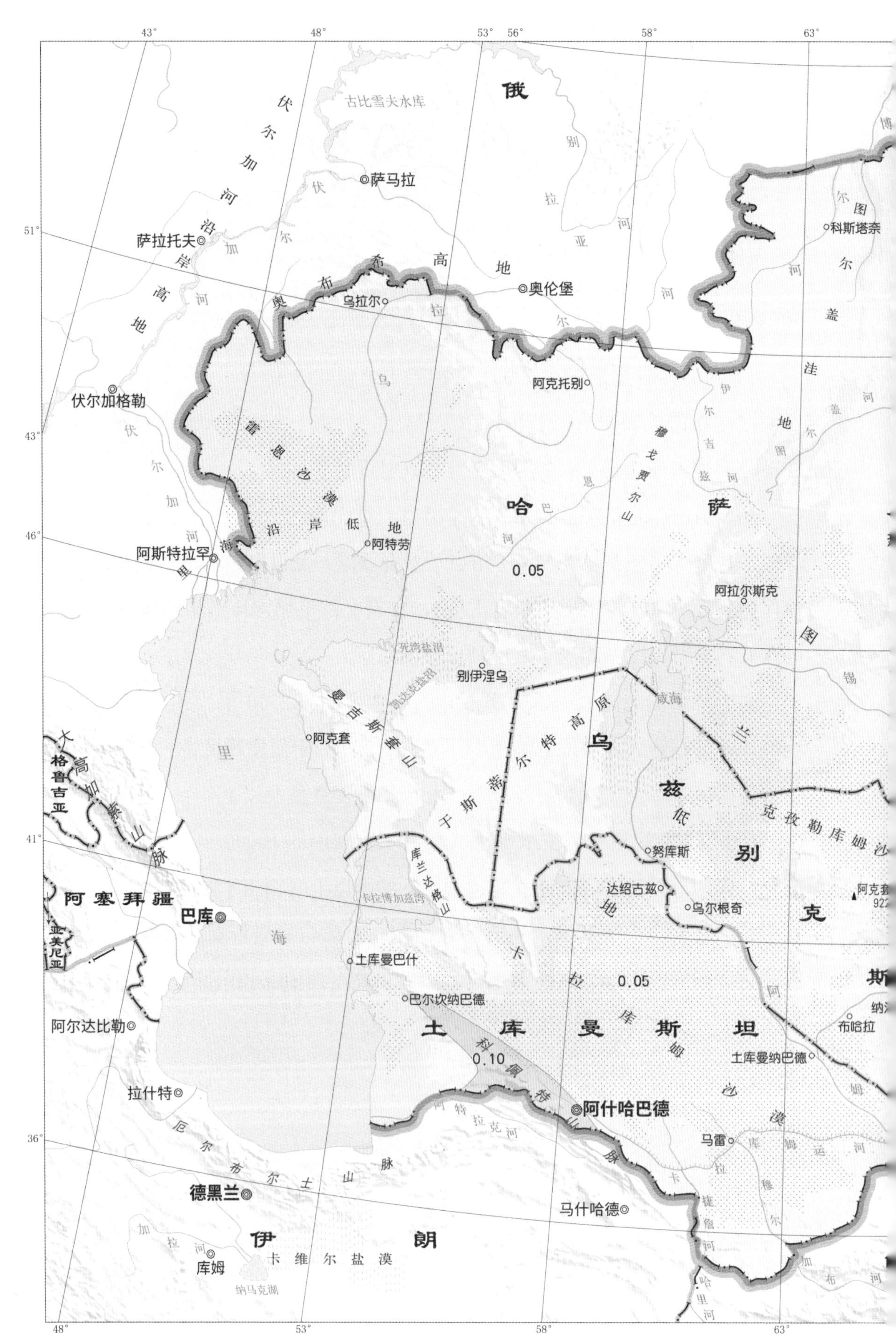

图 6-1　中亚五国地震动峰值加速度图（50 年超越概率 63%）

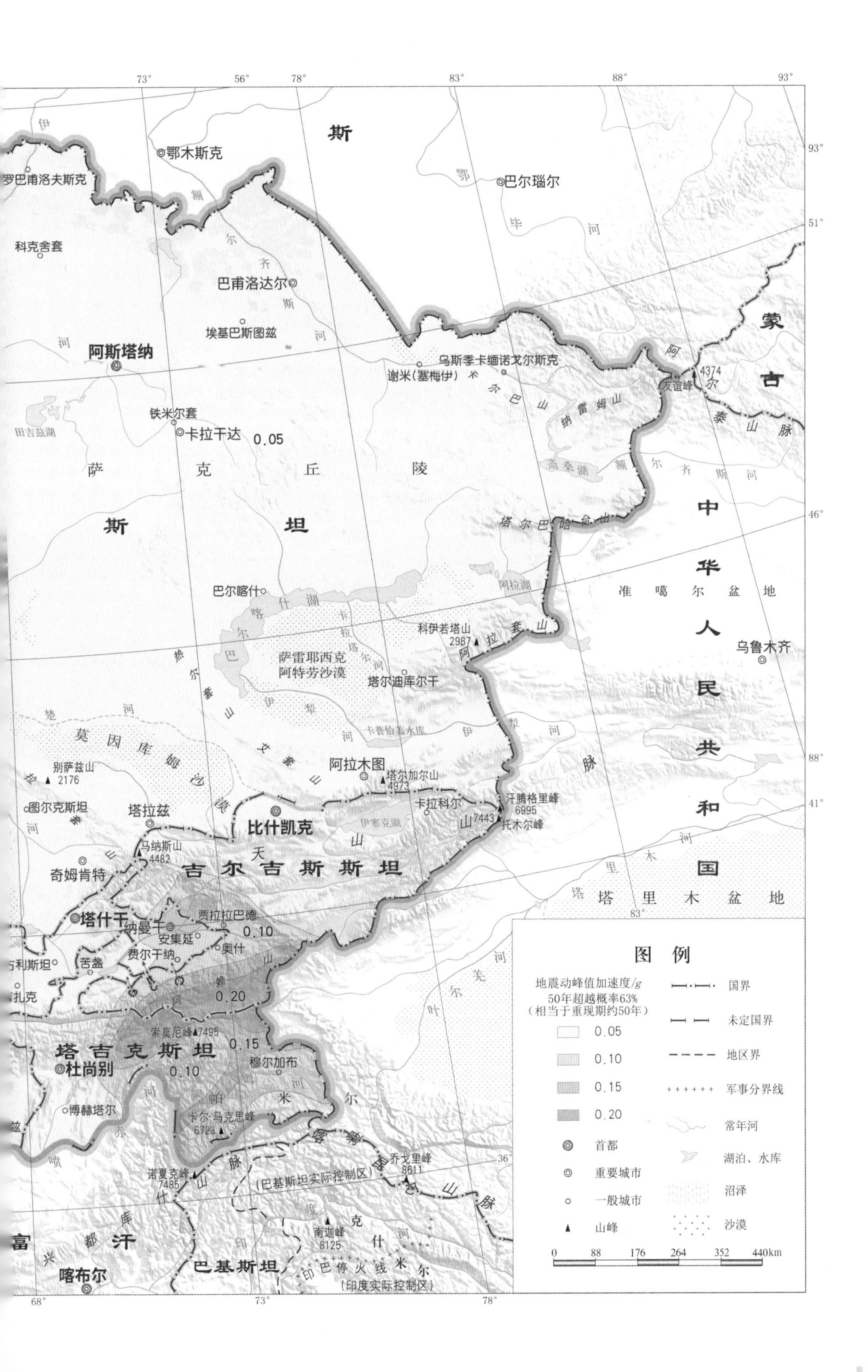

斯
鄂木斯克
巴尔瑙尔
罗巴甫洛夫斯克
科克舍套
巴甫洛达尔
埃基巴斯图兹
阿斯塔纳
乌斯季卡缅诺戈尔斯克
谢米(塞梅伊)
友谊峰
4374
蒙
古
铁米尔套
卡拉干达
0.05
田吉兹湖
萨 克 丘 陵
斋桑湖
额 尔 齐 斯 河
斯 坦
中
华
人
民
共
和
国
塔尔巴哈台山
阿拉湖
准 噶 尔 盆 地
巴尔喀什
巴尔喀什湖
科伊若塔山
2987
阿拉套山
乌鲁木齐
萨雷耶西克
阿特劳沙漠
塔尔迪库尔干
卡普恰盖水库
楚河
莫因库姆沙漠
别萨兹山
2176
阿拉木图
塔尔加尔山
4973
卡拉科尔
汗腾格里峰
6995
托木尔峰
图尔克斯坦
塔拉兹
比什凯克
伊塞克湖
天 山
7443
马纳斯山
4482
奇姆肯特
吉 尔 吉 斯 斯 坦
塔 里 木 盆 地
塔什干
纳曼干
贾拉拉巴德
安集延
0.10
费尔干纳
奥什
苦盏
0.20
索莫尼峰
7495
0.15
塔 吉 克 斯 坦
杜尚别
0.10
穆尔加布
博赫塔尔
卡尔·马克思峰
6723
诺夏克峰
7485
乔戈里峰
8611
(巴基斯坦实际控制区)
南迦峰
8125
富 汗
喀布尔
巴基斯坦
印巴停火线
(印度实际控制区)
图例
地震动峰值加速度/g
50年超越概率63%
(相当于重现期约50年)
0.05
0.10
0.15
0.20
首都
重要城市
一般城市
山峰
国界
未定国界
地区界
军事分界线
常年河
湖泊、水库
沼泽
沙漠
0 88 176 264 352 440km

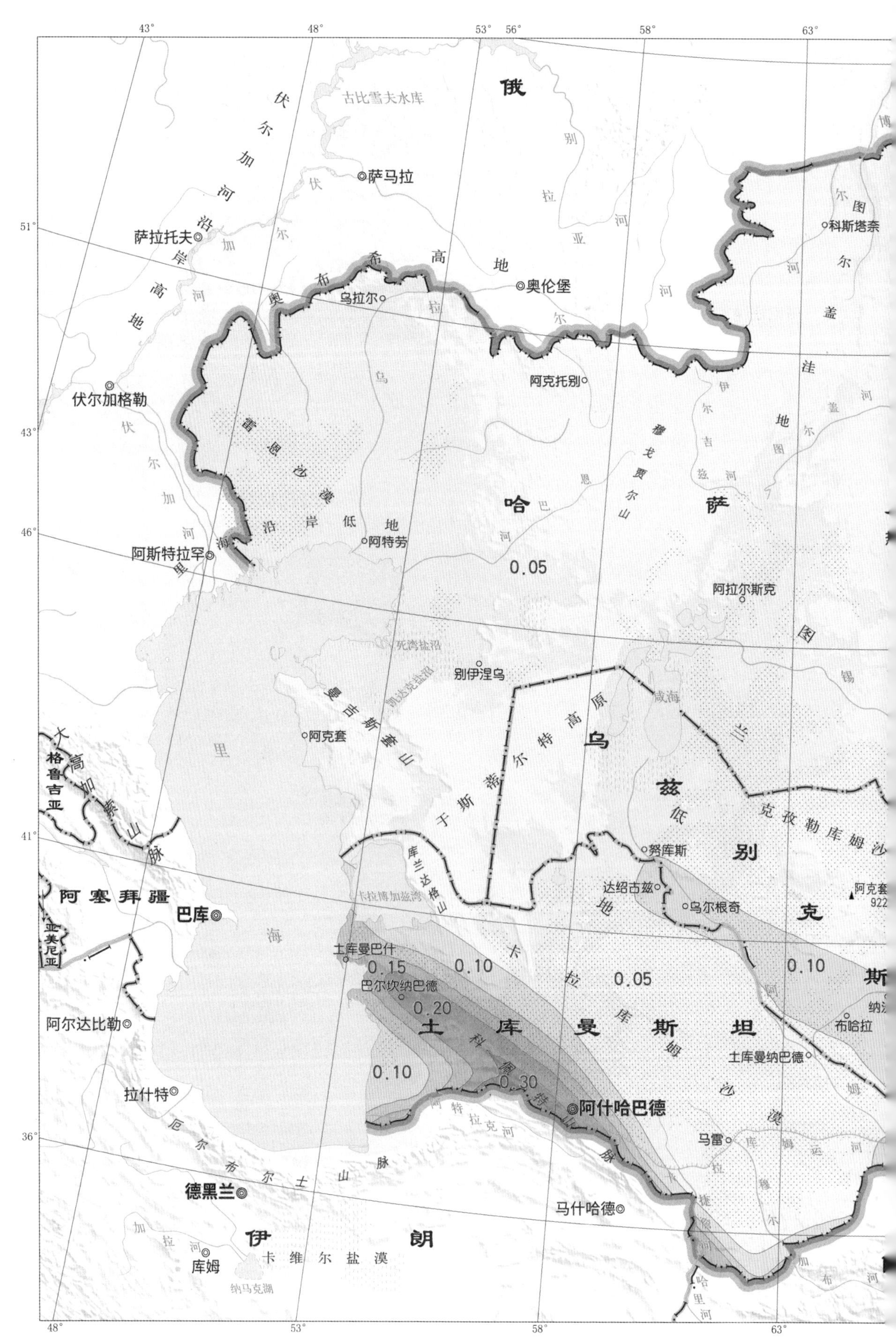

图 6-2 中亚五国地震动峰值加速度图（50 年超越概率 10%）

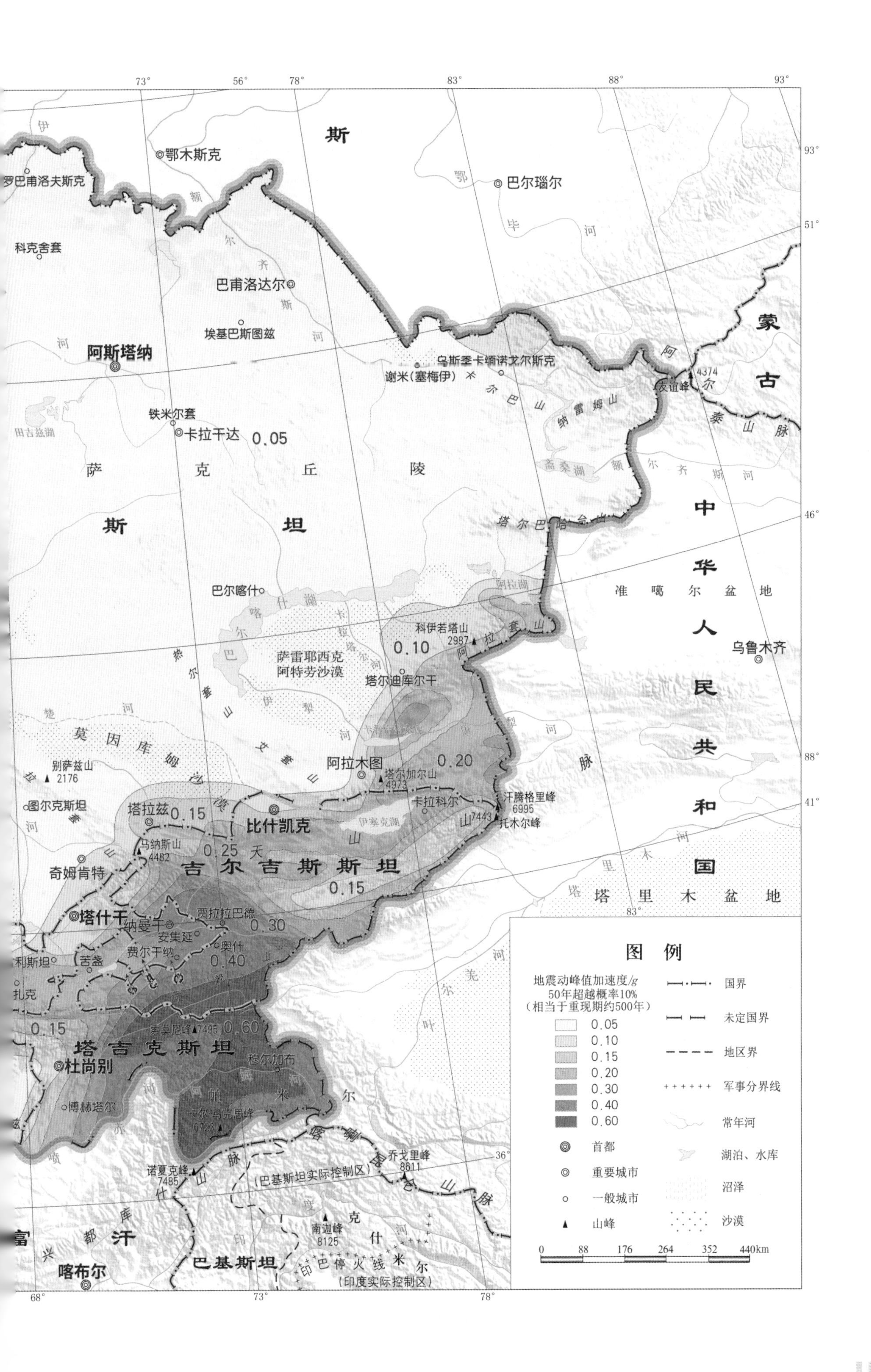
斯
蒙
古
中
华
人
民
共
和
国
萨克丘陵
斯坦
吉尔吉斯斯坦
塔吉克斯坦
阿斯塔纳
比什凯克
塔什干
杜尚别
喀布尔
巴基斯坦
富汗
鄂木斯克
巴尔瑙尔
巴甫洛达尔
埃基巴斯图兹
科克舍套
铁米尔套
卡拉干达
乌斯季卡缅诺戈尔斯克
谢米(塞梅伊)
巴尔喀什
塔尔迪库尔干
阿拉木图
卡拉科尔
奇姆肯特
纳曼干
安集延
费尔干纳
奥什
苦盏
贾拉拉巴德
穆尔加布
霍赫塔尔
乌鲁木齐
准噶尔盆地
塔里木盆地
萨雷耶西克阿特劳沙漠
莫因库姆沙漠
伊塞克湖
斋桑湖
巴尔喀什湖
阿拉湖
田吉兹湖
友谊峰
4374
科伊若塔山
2987
塔尔加尔山
4973
汗腾格里峰
6995
托木尔峰
7443
马纳斯山
4482
别萨兹山
2176
索莫尼峰
7495
卡尔马克思峰
6723
诺夏克峰
7485
乔戈里峰
8611
南迦峰
8125
(巴基斯坦实际控制区)
(印度实际控制区)
印巴停火线
0.05
0.10
0.15
0.20
0.25
0.30
0.40
0.60
图例
地震动峰值加速度/g
50年超越概率10%
(相当于重现期约500年)
0.05
0.10
0.15
0.20
0.30
0.40
0.60
首都
重要城市
一般城市
山峰
国界
未定国界
地区界
军事分界线
常年河
湖泊、水库
沼泽
沙漠
0 88 176 264 352 440km

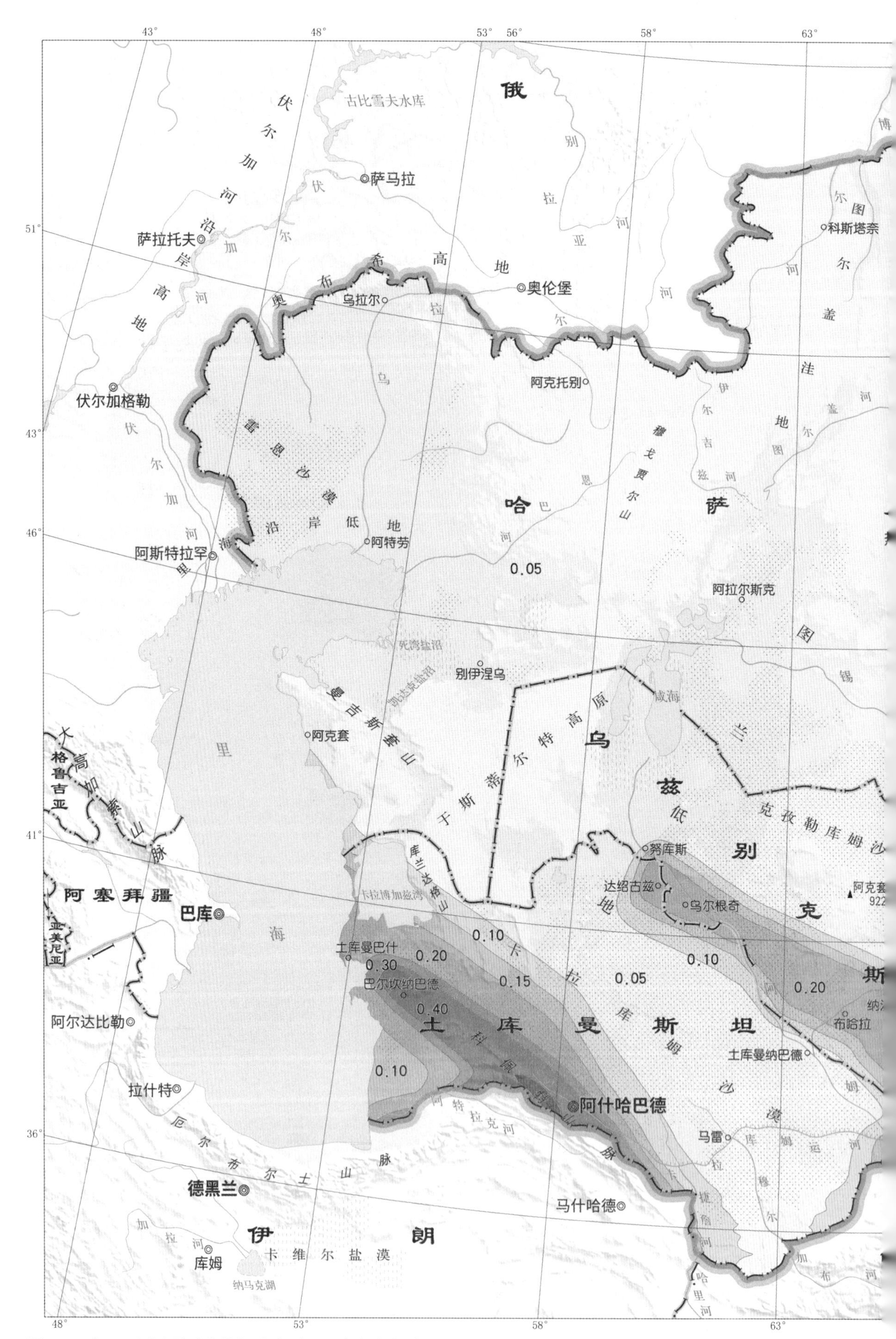

图 6-3　中亚五国地震动峰值加速度图（50 年超越概率 2%）

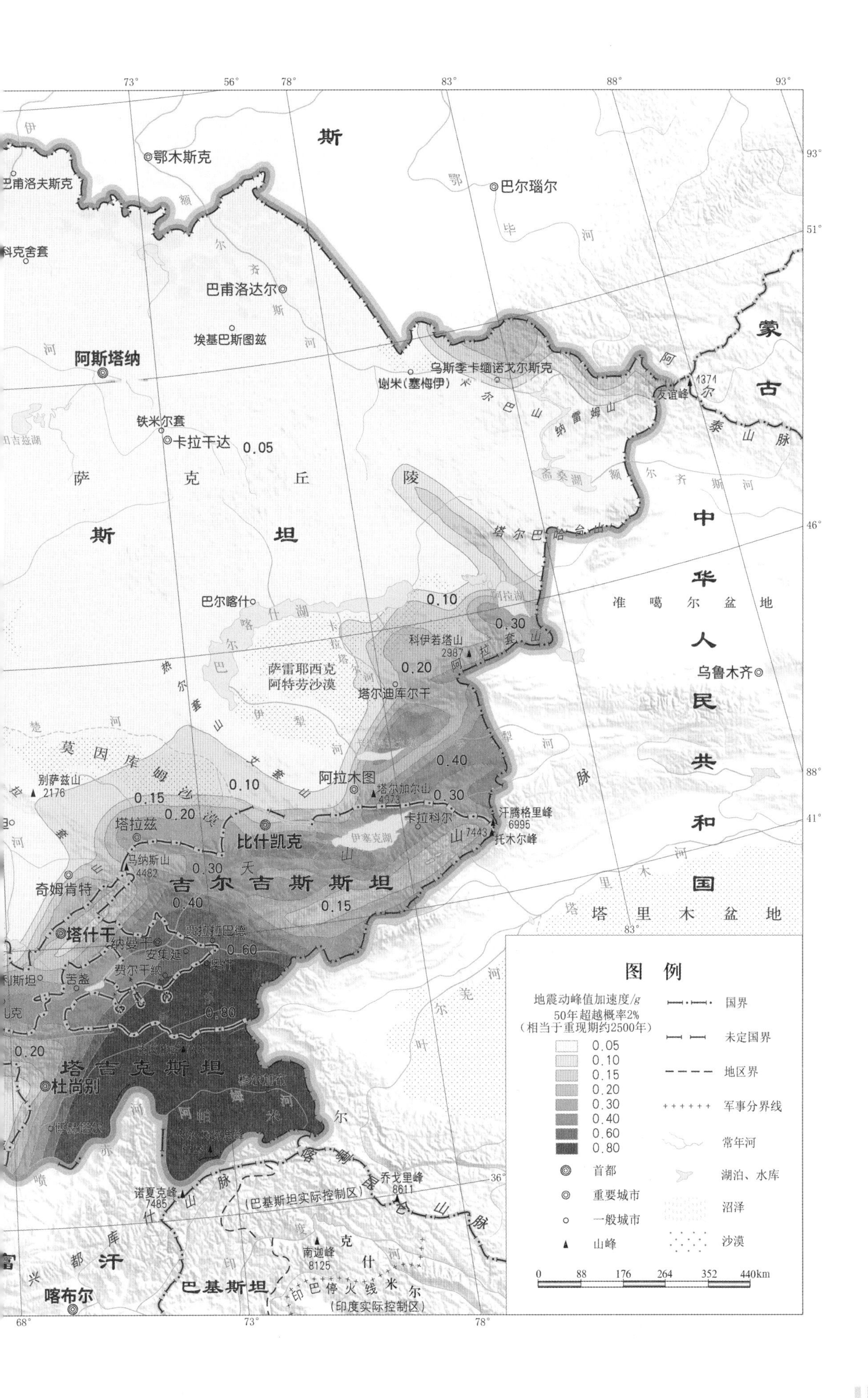

图例
地震动峰值加速度/g
50年超越概率2%
(相当于重现期约2500年)
0.05
0.10
0.15
0.20
0.30
0.40
0.60
0.80
首都
重要城市
一般城市
山峰
国界
未定国界
地区界
军事分界线
常年河
湖泊、水库
沼泽
沙漠
0 88 176 264 352 440km
吉尔吉斯斯坦
塔吉克斯坦
中华人民共和国
比什凯克
杜尚别
阿斯塔纳
乌鲁木齐
喀布尔
巴基斯坦
准噶尔盆地
塔里木盆地

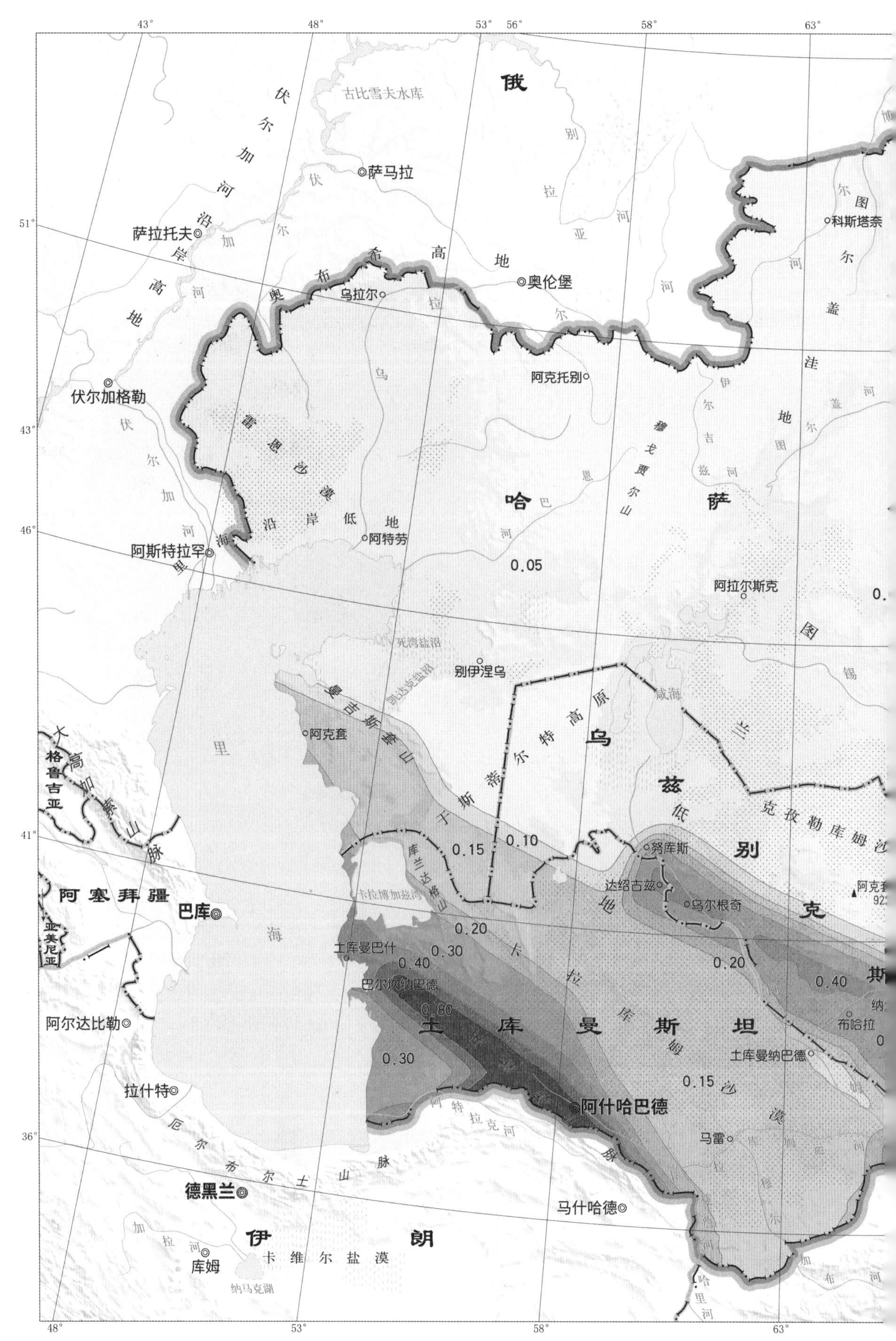

图 6-4　中亚五国地震动峰值加速度图（100 年超越概率 1%）

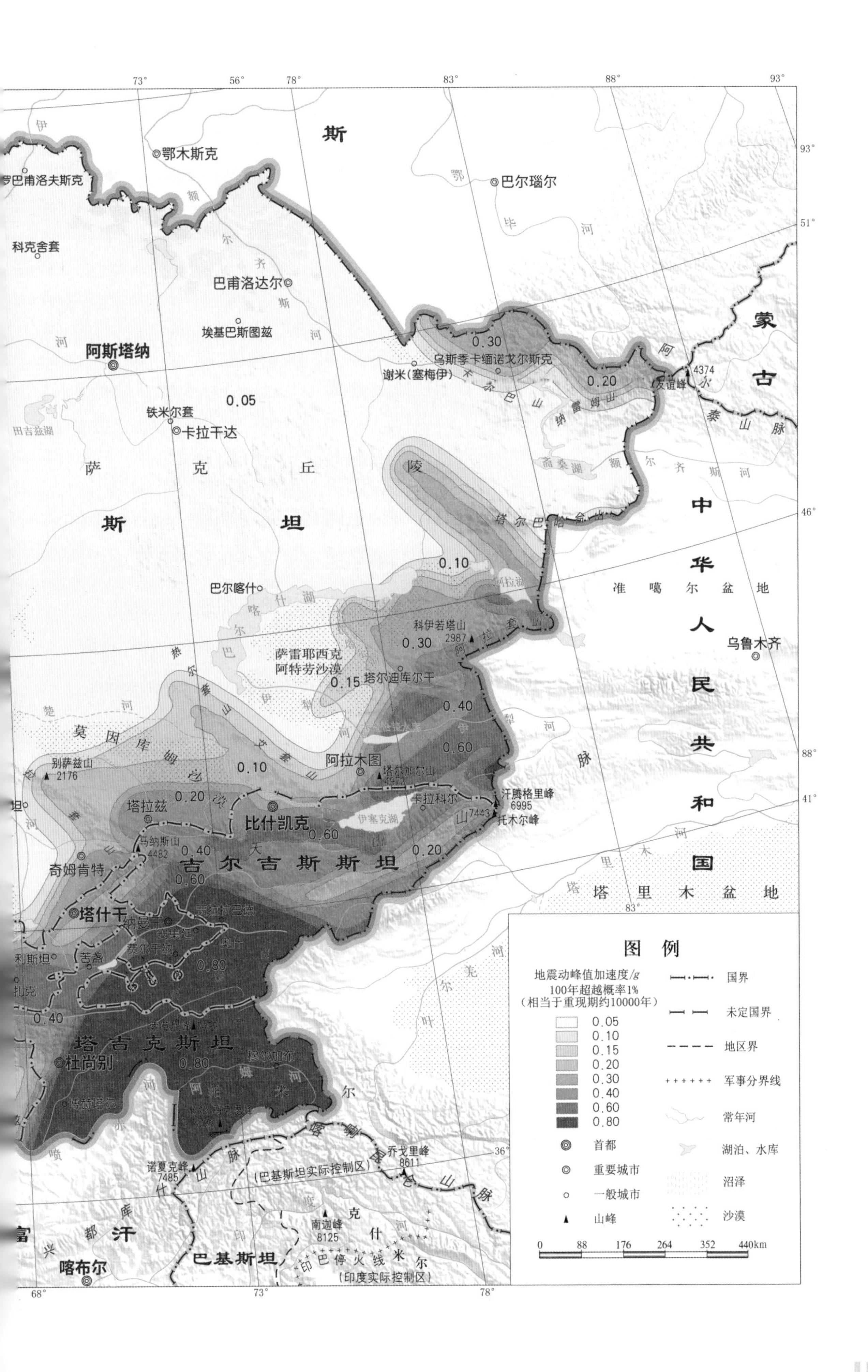
斯
鄂木斯克
巴尔瑙尔
巴甫洛夫斯克
科克舍套
巴甫洛达尔
埃基巴斯图兹
阿斯塔纳
蒙
古
乌斯季卡缅诺戈尔斯克
谢米(塞梅伊)
0.30
0.20
友谊峰
4374
0.05
铁米尔套
卡拉干达
萨
克
丘
陵
斯
坦
中
华
人
民
共
和
国
0.10
准噶尔盆地
巴尔喀什
科伊若塔山
2987
0.30
乌鲁木齐
萨雷耶西克
阿特劳沙漠
0.15
塔尔迪库尔干
0.40
莫因库姆沙漠
0.60
别萨兹山
2176
0.10
阿拉木图
0.20
塔拉兹
比什凯克
汗腾格里峰
6995
托木尔峰
7443
0.60
伊塞克湖
0.20
马纳斯山
4482
0.40
奇姆肯特
吉尔吉斯斯坦
0.60
塔里木盆地
塔什干
0.80
0.40
塔吉克斯坦
杜尚别
0.80
乔戈里峰
8611
诺夏克峰
7485
(巴基斯坦实际控制区)
南迦峰
8125
汗
喀布尔
巴基斯坦
印巴停火线
(印度实际控制区)
图例
地震动峰值加速度/g
100年超越概率1%
(相当于重现期约10000年)
0.05
0.10
0.15
0.20
0.30
0.40
0.60
0.80
首都
重要城市
一般城市
山峰
国界
未定国界
地区界
军事分界线
常年河
湖泊、水库
沼泽
沙漠
0 88 176 264 352 440km

第7章 抗震设防标准

1. 概述

中亚五国的建筑抗震设防标准都受到了苏联抗震设计方法的影响，但又各不相同，结合各自国情与抗震防灾形势，逐渐发展出具有本国特色的抗震设防标准（现行标准编号见表7-1）。需要指出的是，中亚五国抗震设防标准虽然在抗震设防分区及地震作用计算方法的宏观逻辑上有不少类似规定，但在涉及具体的设计地震加速度、设计反应谱以及结构设计内力调整的细节时仍然存在诸多差异。同样是抗震设防分区6度、7度、8度、9度，各国标准规定的设计地震加速度并不相同。本章将以我国标准为参照，具体介绍各国抗震设防标准情况。

表7-1 中亚五国抗震设防标准

国别	标准编号	颁布年份
哈萨克斯坦	ҚР ҚЖ 2.03-30-2017	2017年
吉尔吉斯斯坦	СН КР 20-02:2018	2018年
塔吉克斯坦	СНиП РТ 22-07-2018	2019年
土库曼斯坦	СНТ 2.01.08-2020	2020年
乌兹别克斯坦	КМК 2.01.03-19	2019年

2. 中亚五国抗震设防标准

1）哈萨克斯坦

哈萨克斯坦现行抗震设防标准颁布于 2017 年 12 月（编号 ҚР ҚЖ 2.03-30-2017），该标准在 2006 年的版本基础上修订完成。标准的主要内容包括抗震设防分区、场地类别划分、地震作用计算、强度和稳定性计算、地下结构及基础的抗震设计、不同类型结构（包括钢筋混凝土框架结构及剪力墙结构、砌体结构、预应力结构、钢结构）的抗震设计及要求等内容。现行标准整体上采用了比较先进的设计理念，并吸纳了较新的设计方法。

哈萨克斯坦的抗震设防分区分为 8 类，分别对应 5 度、6 度、7 度、8 度、9 度、9* 度、10 度、10* 度抗震设防分区，由 5 度到 10* 度抗震设防分区地震危险性逐级升高。与我国规范不同，该标准中各抗震设防分区内的设防地震加速度并不统一，而是分布在一定范围内，其中 6 度、7 度、8 度、9 度设防区域内的设防地震加速度分布范围分别为 0.03 g～0.07 g、0.06 g～0.19 g、0.13 g～0.42 g、0.36 g～0.55 g。抗震设防烈度 7 度及以上区域都分布在哈萨克斯坦东南部地区。

标准中允许常规建筑结构的设计地震作用采用振型分解反应谱法计算，设计地震作用主要取决于所在区域的抗震设防分区，并根据建筑所在场地的场地类别、建筑重要性、建筑所处的地形以及建筑层数和结构类型等因素进行调整。调整内容包括：①场地类别通过场地特征周期（ I_A 类和 I_B 类、Ⅱ类、Ⅲ类场地对应的特征周期分别为 0.48 s、0.72 s、0.96 s）影响反应谱平台段的长度，同时根据场地类别不同，对结构的设计地震作用进行不同程度的放大调整，对应 I_B 类、Ⅱ类、Ⅲ类场地，设计地震作用分别乘以最大不超过 1.2、1.6、2.4 的放大系数；②当建筑建造在陡坡上时，设计地震作用将根据坡度的不同乘以最大不超过 1.4 的放大系数；③针对具有不同延性变形能力的结构，通过将设计地震作用力除以结构延性系数的形式对设计地震作用力进行折减，普通钢筋混凝土框架结构的延性系数为 4.0；④根据建筑重要性和建筑层数对设计地震作用力进行折减或放大，折减系数不小于 0.5，放大系数不超过 1.8。

如图 7-1 所示，哈萨克斯坦的地震影响系数曲线由三部分构成，分别为两段平台段和一条下降曲线。图中 a_g 为对应各设防烈度的基本水平地震影响系数，q 为延性系数，β 为下限指标（取值 0.2），T_c 为场地特征周期，T 为结构基本周期。为进一步说明哈萨克斯坦建筑结构的抗震设防水平，分别以我国 6 度、7 度、8 度、9 度抗震设防区的中震（50 年超越概率 10%）设计反应谱为参照，给出哈萨克斯坦对应各抗震设防分区平均水平的设计反应谱进行比较，如图 7-2 所示。在同等设防下，哈萨克斯坦的抗震设计反应谱值均高于我国的抗震设计反应谱值。

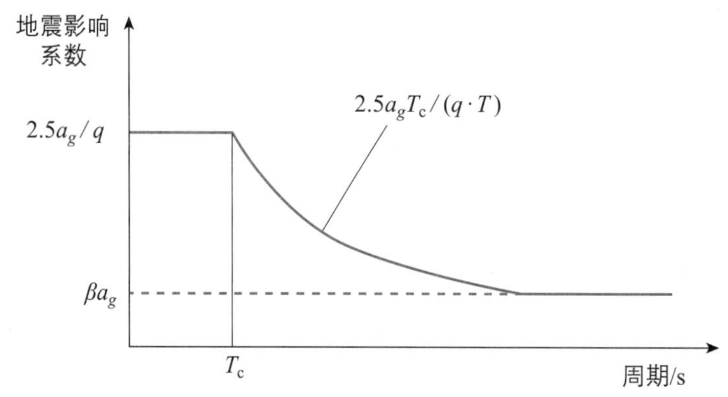

图 7-1　哈萨克斯坦地震影响系数曲线形状示意图

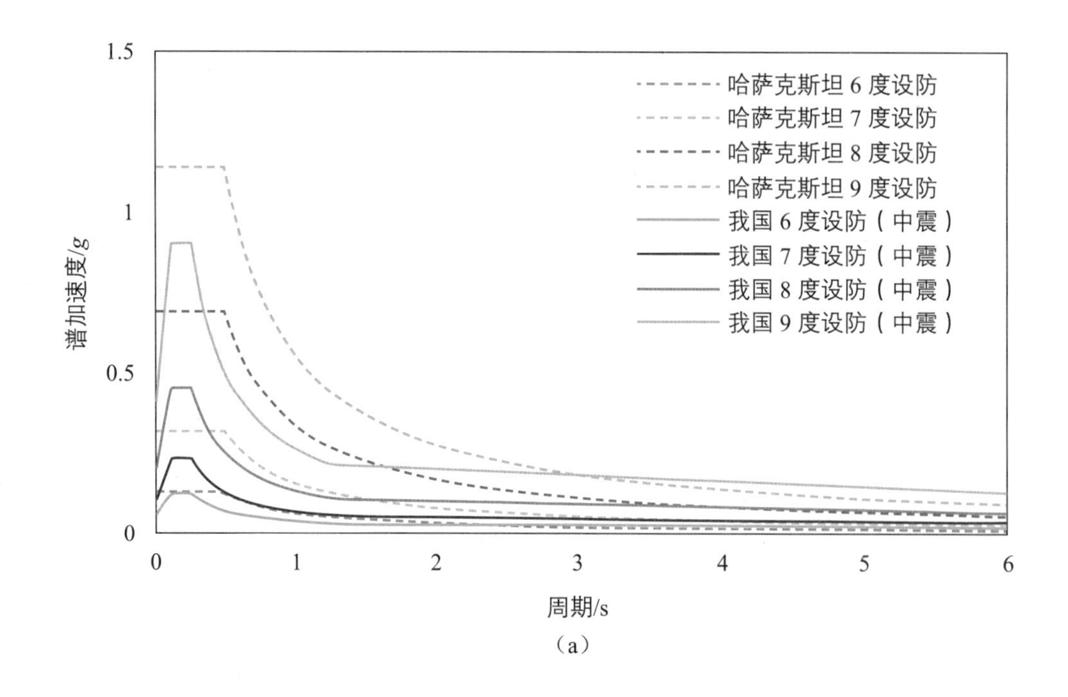

（a）

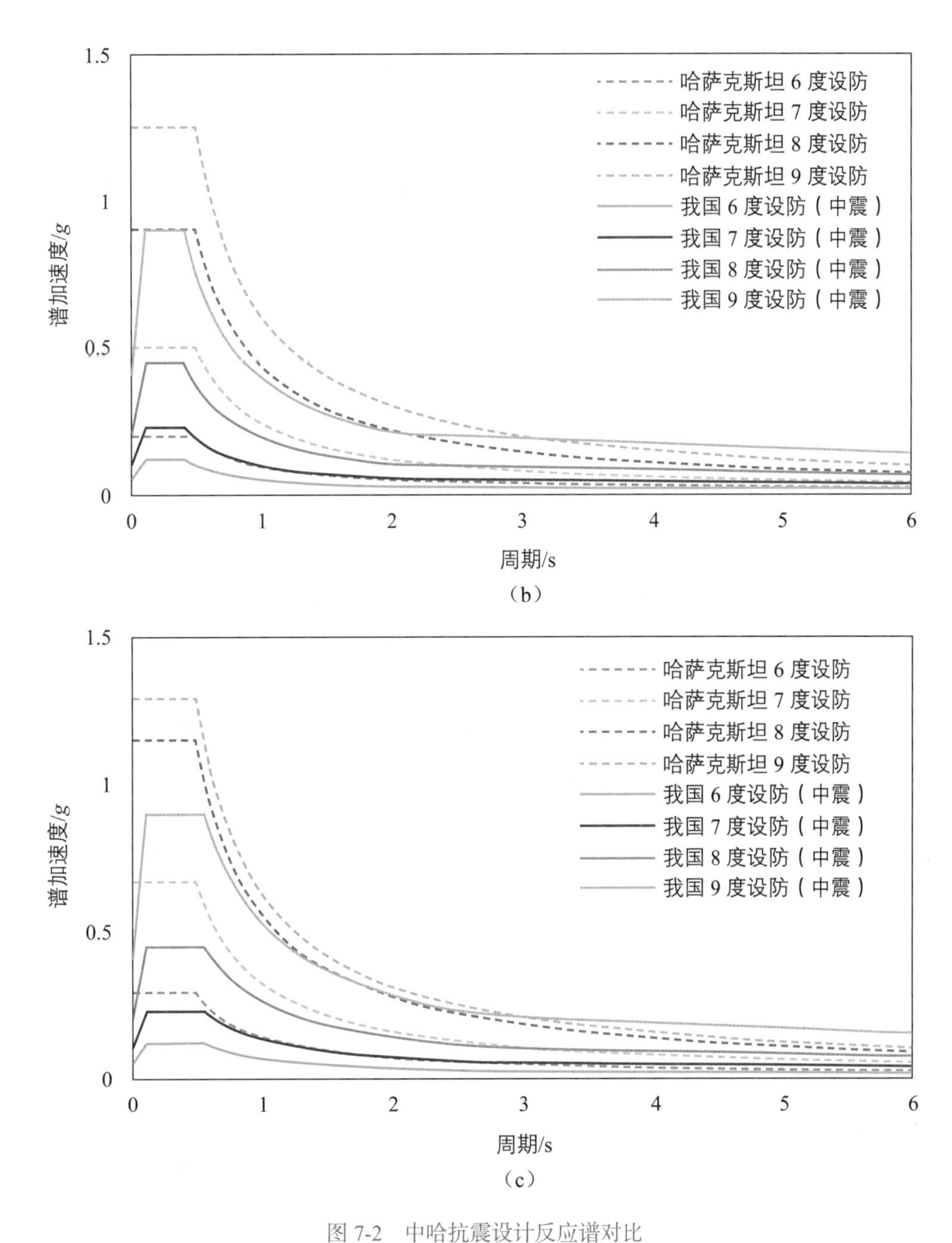

图 7-2　中哈抗震设计反应谱对比

（a）岩石：$\mathrm{I_A}$ 类场地（哈）、$\mathrm{I_0}$ 类场地（中）；（b）硬土：Ⅱ类场地（哈）、Ⅱ类场地（中）；（c）软土：Ⅲ类场地（哈）、Ⅲ类场地（中）

2）吉尔吉斯斯坦

吉尔吉斯斯坦的建筑抗震设防标准在 1991 年前主要遵循苏联标准，之后进行了多次重要修订，标准的修订反映了对地震风险认识的提高和工程设计实践的进步。吉尔吉斯斯坦现行建筑抗震设防标准为 CH KP 20-02:2018，于 2018 年完成修订。

吉尔吉斯斯坦的抗震设防分区分为 4 类，分别对应 7 度、8 度、9 度、9+ 度，除位于北部的小块区域外，其他区域均为 8 度及以上设防地区。与我国规范不同，吉尔吉斯斯坦的 4 类抗震设防分区内的设防地震加速度并不是一个统一的取值，而是分布在一定范围内。7 度、8 度、9 度、9+ 度设防分区内的地震加速度分布范围分别为 $<0.2\,g$、$0.2\,g \sim 0.4\,g$、$0.4\,g \sim 0.7\,g$、$>0.7\,g$。

标准中允许常规建筑结构的设计地震作用采用振型分解反应谱法计算，设计地震作用主要取决于所在区域的抗震设防分区，并根据建筑所在场地的场地类别、建筑重要性以及结构自身特征等因素进行调整。与哈萨克斯坦的建筑抗震设防标准类似，主要调整包括：①场地类别通过场地特征周期（$\mathrm{I_A}$ 类和 $\mathrm{I_B}$ 类、Ⅱ类、Ⅲ类对应的特征周期分别为 0.48 s、0.72 s、0.96 s）影响反应谱平台段的长度，同时根据不同场地类别对结构的设计地震作用进行不同程度的放大调整，对应 $\mathrm{I_B}$ 类、Ⅱ类、Ⅲ类场地，设计地震作用分别乘以最大不超过 1.2、1.6、2.4 的放大系数；②当建筑建造在陡坡上时，设计地震作用将根据坡度的不同乘以最大不超过 1.4 的放大系数；③针对具有不同延性变形能力的结构，通过将设计地震作用力除以结构延性系数的形式对设计地震作用力进行折减，普通钢筋混凝土框架结构的延性系数为 4.0；④根据建筑重要性和建筑层数对设计地震作用力进行折减或放大，折减系数不小于 0.5，放大系数不超过 1.8。

如图 7-3 所示，与哈萨克斯坦的地震影响系数曲线类似，吉尔吉斯斯坦的地震影响系数曲线也由三部分构成，分别为两段平台段和一条下降曲线。图中 a_g 为对应各设防烈度的基本水平地震影响系数，q 为延性系数，β 为下限指标（取值 0.2），T_c 为场地特征周期，T 为结构基本周期。为进一步说明吉尔吉斯斯坦建筑结构的设防水平，分别以我国 7 度、8 度、9 度抗震设防区的中震（50 年超越概率 10%）设计反应谱为参照，给出吉尔吉斯斯坦对应各抗震设防分区平均水平的设计反应谱进行比较，见图 7-4。由图可见，在各设防烈度下，吉尔吉斯斯坦的抗震设计反应谱谱值均高于我国抗震设计反应谱谱值。

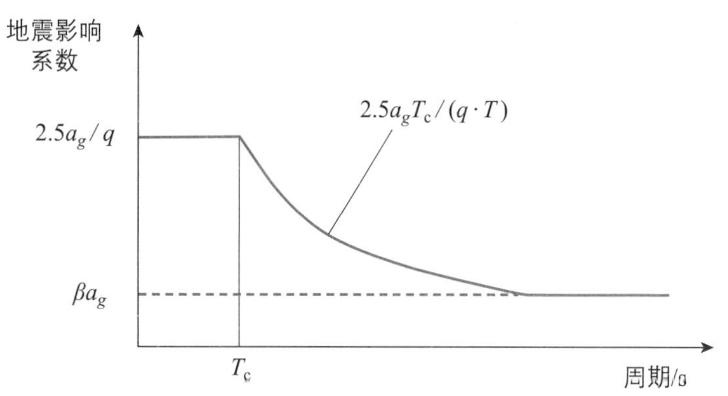

图 7-3 吉尔吉斯斯坦地震影响系数曲线形状示意图

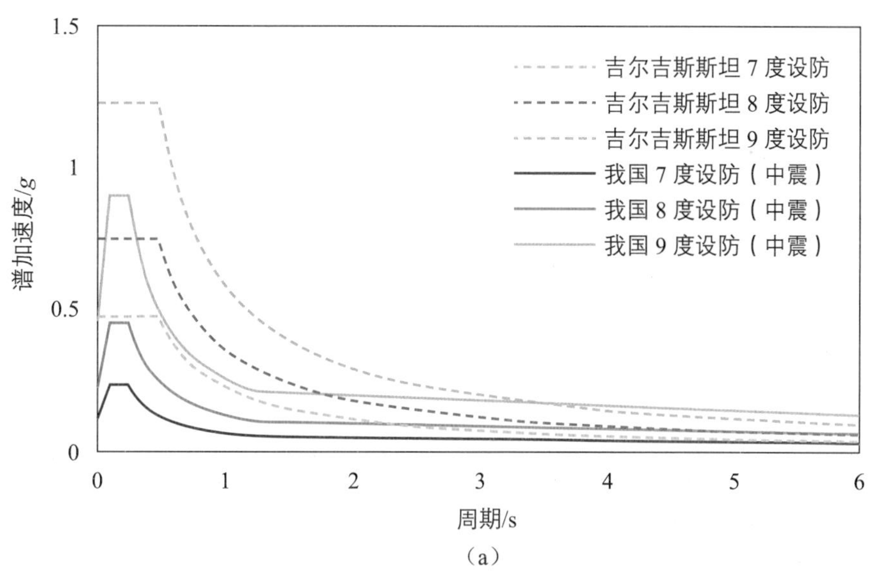

（a）

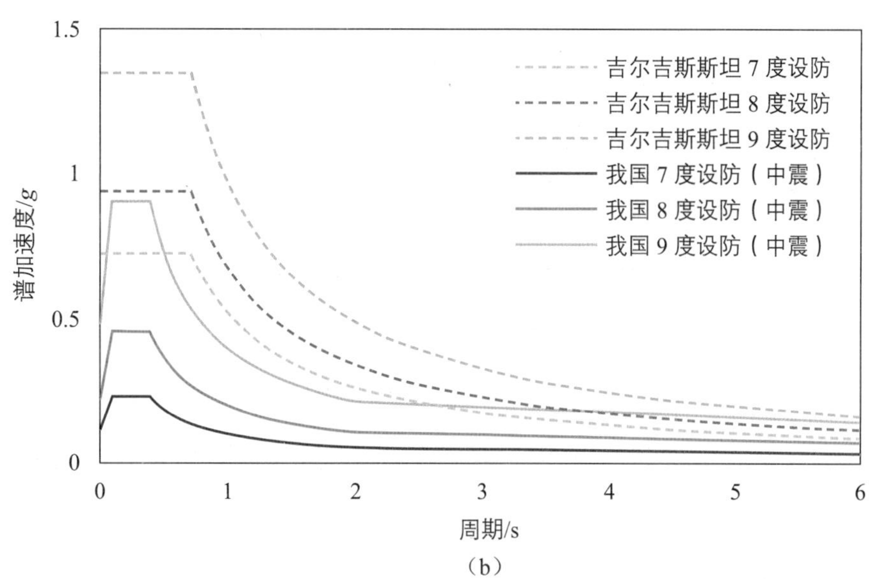

（b）

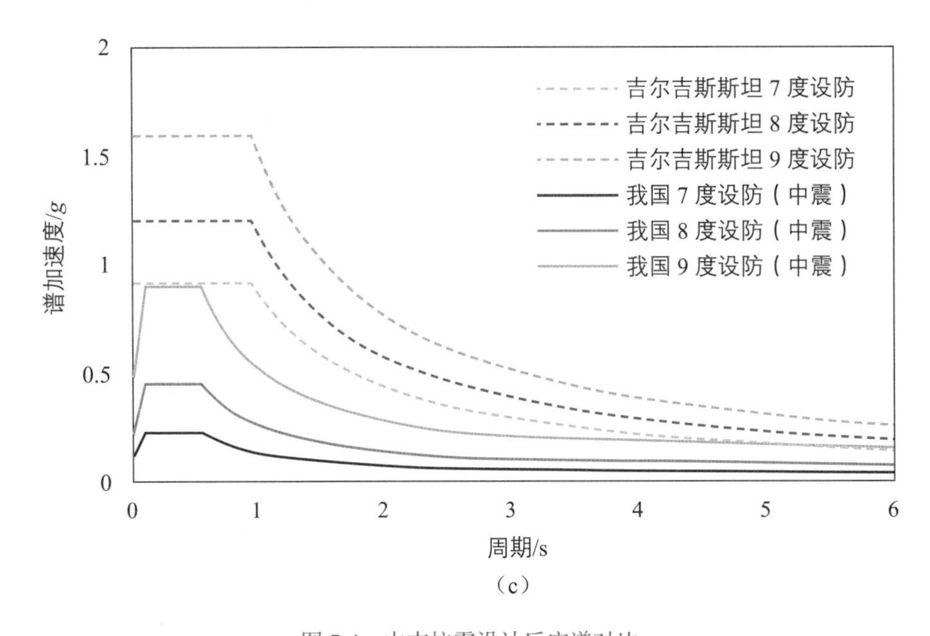

（c）

图 7-4 中吉抗震设计反应谱对比

（a）岩石：I_A 类场地（吉）、I_0 类场地（中）；（b）硬土：Ⅱ类场地（吉）、Ⅱ类场地（中）；（c）软土：Ⅲ类场地（吉）、Ⅲ类场地（中）

3）塔吉克斯坦

塔吉克斯坦现行建筑抗震设防标准是 2019 年批准使用的 СНиП РТ 22-07-2018。该标准规定的抗震设防分区分为 5 类，分别对应 6 度、7 度、8 度、9 度、9+ 度设防分区，其中 7 度、8 度、9 度对应的设计地震加速度分别为 0.1 g、0.2 g、0.4 g，与我国基本一致。塔吉克斯坦境内大部分区域位于设防烈度 8 度及以上设防区内。

标准允许常规建筑结构的设计地震作用采用振型分解反应谱法计算，设计地震作用主要取决于所在区域的抗震设防分区，并根据建筑所在场地的场地类别、建筑重要性，以及建筑层数和结构类型等因素进行调整，例如：①场地类别通过场地特征周期影响反应谱平台段的长度及下降段的形状；②根据建筑重要性以及损坏后造成影响的大小，将建筑分为 5 个等级，针对 5 个不同等级的建筑，在计算地震作用时分别乘以 1.0、0.4、0.35、0.35、0.25 进行调整；③针对不同结构类型及层数的建筑，对地震作用分别乘以不同的系数进行调整，钢筋混凝土框架 - 剪力墙结构的调整系数为 1.1，与层数有关的放大系数最大不超过 1.5。

塔吉克斯坦抗震设防标准的地震影响系数曲线如图 7-5 所示，该曲线由三部分构成，分别为直线上升段、平台段以及指数下降段。图中 a_g 为对应各设防烈度的基本水平地震影响系数，β 为下限指标（对应Ⅰ类、Ⅱ类、Ⅲ类场地的取值分别为 0.8、0.9、1.2），T 为结构基本周期。为进一步说明塔吉克斯坦建筑结构的设防水平，分别以我国 7度、8度、9度设防区，对应场地特征周期0.4 s的中震（重现期为475年）和大震（重现期为 1642～2475 年）设计地震反应谱为参照，给出塔吉克斯坦Ⅱ类场地对应的设计地震反应谱进行比较，如图 7-6 所示。由图可见，塔吉克斯坦各设防烈度反应谱谱值均介于我国对应设防等级中震和大震之间。

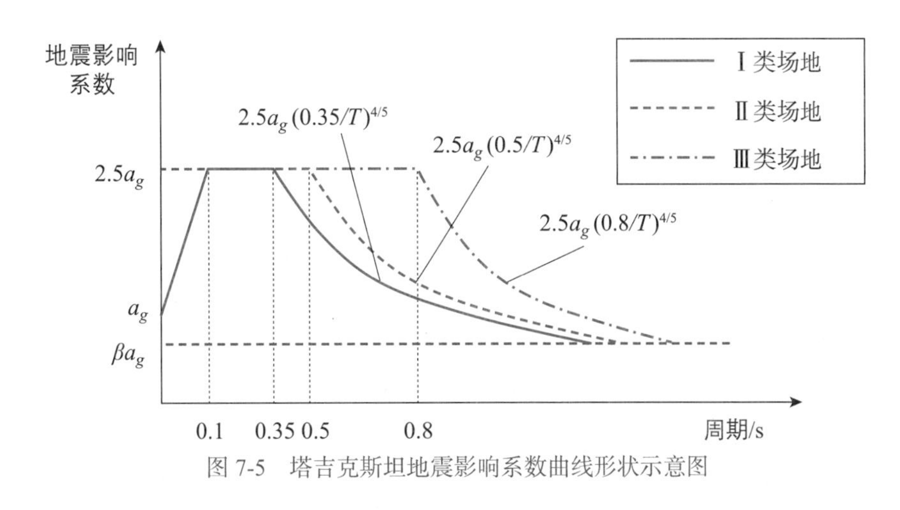

图 7-5　塔吉克斯坦地震影响系数曲线形状示意图

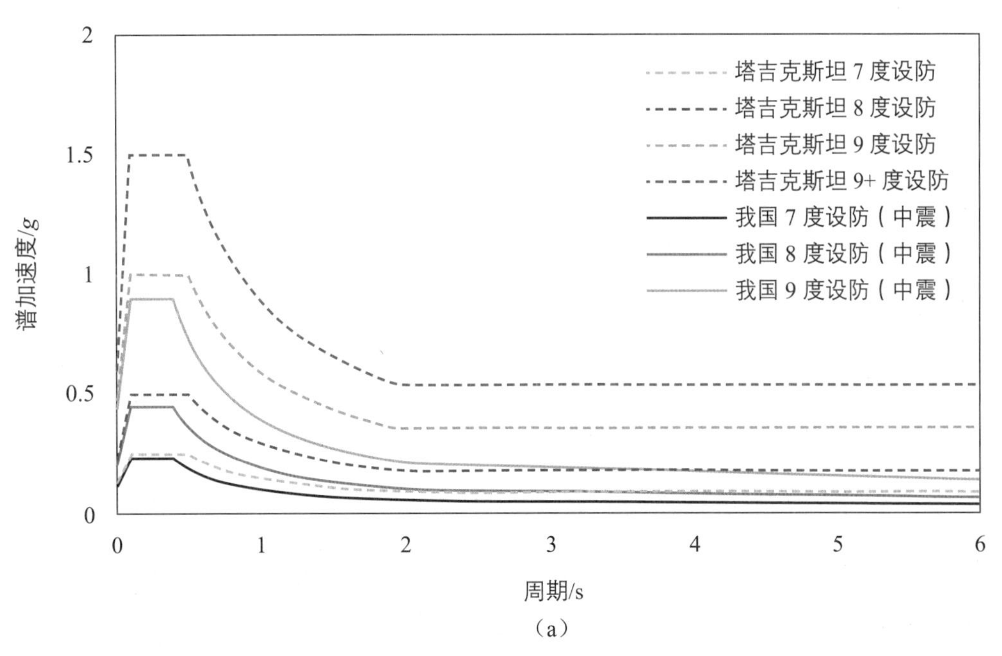

（a）

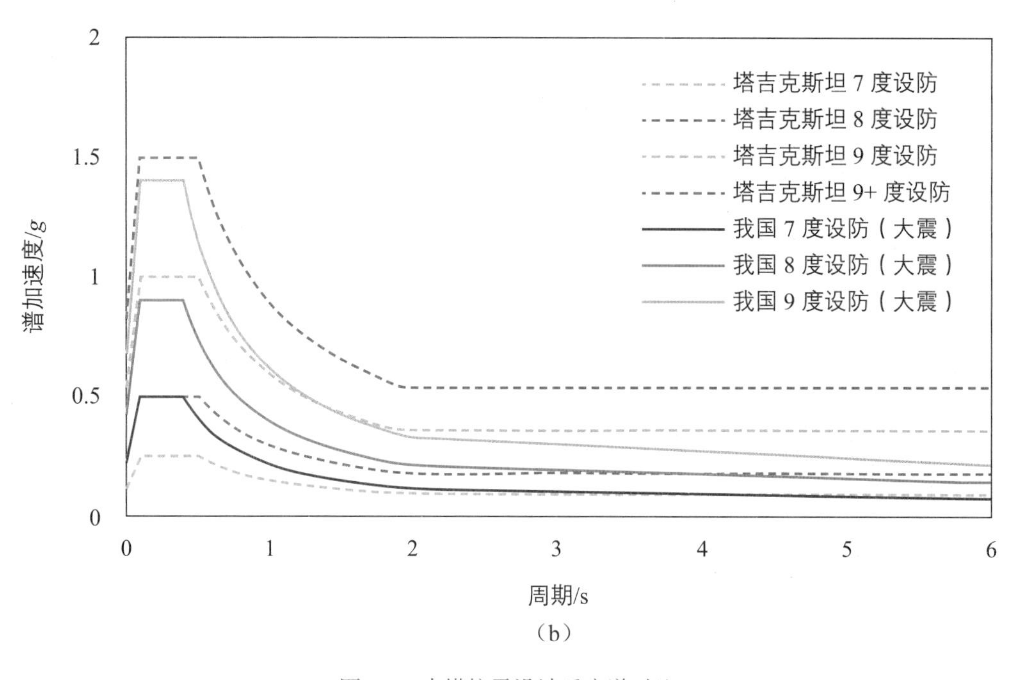

（b）

图 7-6　中塔抗震设计反应谱对比

（a）与我国中震反应谱对比；（b）与我国大震反应谱对比

4）土库曼斯坦

土库曼斯坦作为苏联加盟共和国之一，其抗震设防标准的总体思路沿袭苏联抗震标准《苏联地震区建筑设计规范》（СНиП Ⅱ -7-81）。1999 年，该国颁布了第一部属于本国的建筑抗震设防标准 CHT 2.01.08-99。经过几次修订，土库曼斯坦的现行抗震设防标准为《地震区建筑设计标准　第一部分　地震区住宅、公共建筑、工业建筑》（CHT 2.01.08-2020）。

土库曼斯坦的抗震设防分区分为 4 类，分别为 6 度、7 度、8 度、9 度设防分区。除特殊要求外，6 度设防分区内的建筑无需进行抗震设计。与 7 度、8 度、9 度设防分区对应的设计基本地震加速度与我国规范一致，分别为 0.10 g、0.20 g、0.40 g。

标准允许常规建筑结构的设计地震作用采用振型分解反应谱法进行计算，设计地震作用主要取决于所在地区的设防烈度，并根据建筑所在场地的场地类别、建筑外形特点、建筑重要性等因素进行调整，例如：①按场地条件由好到差将场地划分为Ⅰ类、Ⅱ类、Ⅲ类 3 个场地类别，场地类别除通过场地特征周期（Ⅰ类、Ⅱ类、Ⅲ类对应的特征周期分别为 0.30 s、0.40 s、0.80 s）影响反应谱平台段的长度外，位于场地条件较好的Ⅰ类场地的建筑，可降低 1 度进行地震作用计算，位于场地条件较差的Ⅲ类场地的建筑，需提高 1 度进行地震作用计算（特别地，对于Ⅰ类场地，对应调整后为 8 度、9 度设防水平的地震作用分别乘以 1.1、1.2 的放大系数；对于Ⅲ类场地，对应调整后为 8 度、9 度设防水平的地震作用分别乘以 0.9、0.8 的折减系数）；②根据建筑重要性以及损坏后造成影响的大小，将建筑分为 7 类，在计算地震作用时分别乘以不同的重要性系数进行调整，重要性系数最大不超过 1.5；③针对具有不同延性变形能力的结构，通过乘以折减系数的形式对设计地震作用进行折减，普通钢筋混凝土框架结构的折减系数为 0.3；④对高耸建筑（如塔、桅杆、烟囱）、下柔上刚的底框结构，以及大于 5 层的结构，乘以不超过 1.5 的放大系数；⑤考虑地震发生频率的不同，对应 50 年 50%、5%、0.5% 的发生频率，分别乘以 1.2、1.0、0.8 进行调整。

如图 7-7 所示，土库曼斯坦的地震影响系数曲线由三部分构成，分别为直线上升段、平台段以及指数下降段，图中 a_g 为对应各设防烈度的基本水平地震影响系数，β 为下限指标（为 0.8），T 为结构基本周期。为进一步说明土库曼斯坦建筑结构的设防水平，分别以我国 7 度、8 度、9 度设防的中震（重现期为 475 年）和大震（重现期为 1642～2475 年）设计地震反应谱为参照，给出土库曼斯坦Ⅱ类场地对应的设计地震反应谱，如图 7-8 所示，土库曼斯坦各设防烈度反应谱谱值均介于我国对应设防等级中震和大震之间。

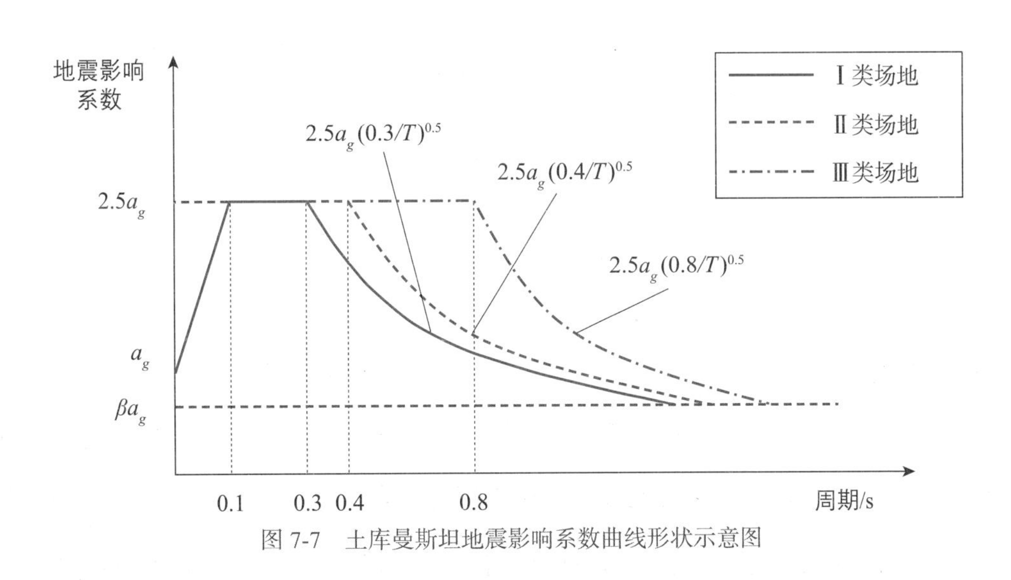

图 7-7　土库曼斯坦地震影响系数曲线形状示意图

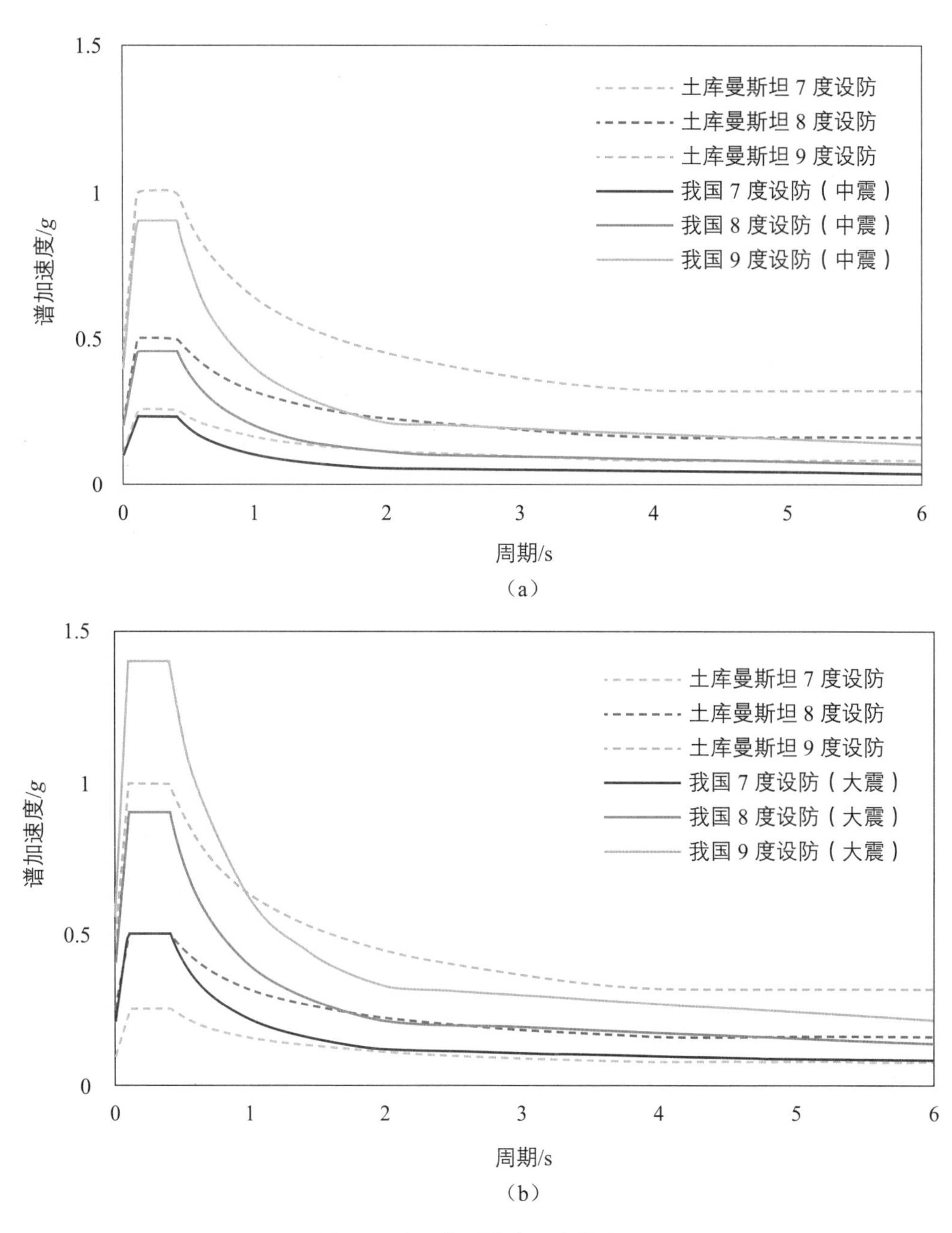

图 7-8　中土抗震设计反应谱对比

（a）与我国中震反应谱对比；（b）与我国大震反应谱对比

5）乌兹别克斯坦

1995 年，乌兹别克斯坦颁布了第一部属于本国的建筑抗震设防标准，即 KMK 2.01.03-96，后经过几次修订，颁布了 2019 年版建筑抗震设防标准（KMK 2.01.03-19），即现行抗震设防标准。该标准的主要内容包括抗震设防分区、场地类别划分、地震作用计算、不同类型结构的抗震设计、地下设施和工程管网的抗震设计、建筑物的修复和加固、建筑工程的生产和质量控制等。

乌兹别克斯坦的抗震设防分区分为5类，分别对应7度、8度、9度、9+度、9*度，对应的水平地震加速度分别为0.25 *g*、0.50 *g*、1.00 *g*、1.40 *g*、2.00 *g*，可见其中7度、8度、9度对应的设计地震加速度均略高于我国。标准要求当发生设防地震时，应能确保建筑内人员的生命安全，并且能够保证结构主体、贵重设备，以及破坏后可能导致环境污染和安全隐患的其他物品保持完好状态；当发生低于设防要求的地震时，应能确保建筑功能正常、结构可修理。乌兹别克斯坦境内的大部分区域属于7度及以上设防地区，设防烈度8度及以上区域主要分布在东南部地区。

与我国建筑抗震设计规范类似，常规建筑结构的设计地震作用采用振型分解反应谱法计算，设计地震作用的大小主要取决于所在区域的抗震设防分区，并根据建筑所在场地的场地类别、建筑重要性系数、区域指数以及结构自身特征等因素进行调整。主要调整内容包括：①将场地分为Ⅰ类、Ⅱ类、Ⅲ类三种场地类别，位于场地条件较好的Ⅰ类场地的建筑，可降低1度进行地震作用的计算，位于场地条件较差的Ⅲ类场地的建筑，需提高1度进行地震作用的计算；②根据建筑重要性以及损坏后造成影响的大小，将建筑分为Ⅰ类、Ⅱ类、Ⅲ类、Ⅳ类、Ⅴ类5个重要性类别，在计算地震作用时分别乘以2.0、1.5、1.2、1.0、0.8进行调整；③对于平面、立面不规则的建筑，考虑扭转效应的不利影响，标准要求根据不规则程度乘以最大不超过1.25的放大系数对地震作用进行调整；④对于层数大于5的建筑，其地震作用需根据具体的建筑层数乘以最大不超过1.5的放大系数对地震作用进行调整；⑤该标准还给出了用于计算不同重现期地震作用的调整系数。

与我国规范直接给出地震影响系数曲线的形式不同，乌兹别克斯坦的标准以表格的形式给出了对应Ⅰ类、Ⅱ类、Ⅲ类、Ⅳ类区域的（注：此处的4类区域与4类场地不同）、周期在0～2 s之间的地震影响系数取值，连接各周期点取值可得到连续曲线，如图7-9所示。与我国的地震影响系数曲线相比，乌兹别克斯坦标准的地震影响系数曲线没有明显的平台段；Ⅲ类场地与Ⅰ、Ⅱ类场地相比，短周期段地震影响系数较小，长周期段较大。为进一步说明乌兹别克斯坦建筑结构的抗震设防水平，分别以我国7度、8度、9度区的中震（50年超越概率10%）设计反应谱为参照，给出乌兹别克斯坦Ⅰ、Ⅱ类场地和Ⅲ类场地对应4类不同区域的设计反应谱进行比较，如图7-10所示。

对于Ⅰ、Ⅱ类场地，乌兹别克斯坦标准各设防烈度的反应谱谱值均高于我国；而对于Ⅲ类场地，乌兹别克斯坦标准各设防烈度反应谱的短周期段谱值低于我国反应谱，长周期段谱值高于我国反应谱。

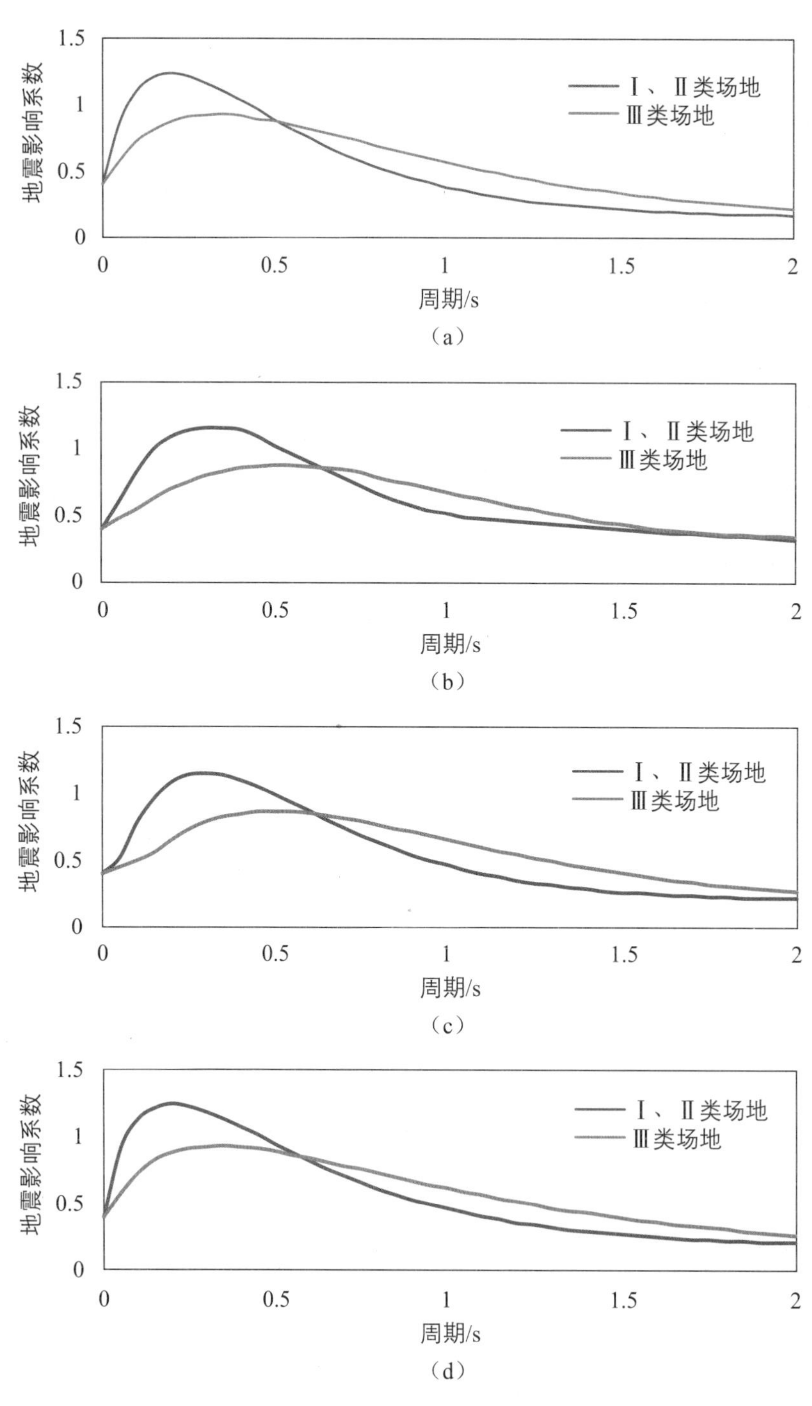

图 7-9　乌兹别克斯坦对应不同区域的地震影响系数曲线示意图

（a）Ⅰ类区域；（b）Ⅱ类区域；（c）Ⅲ类区域；（d）Ⅳ类区域

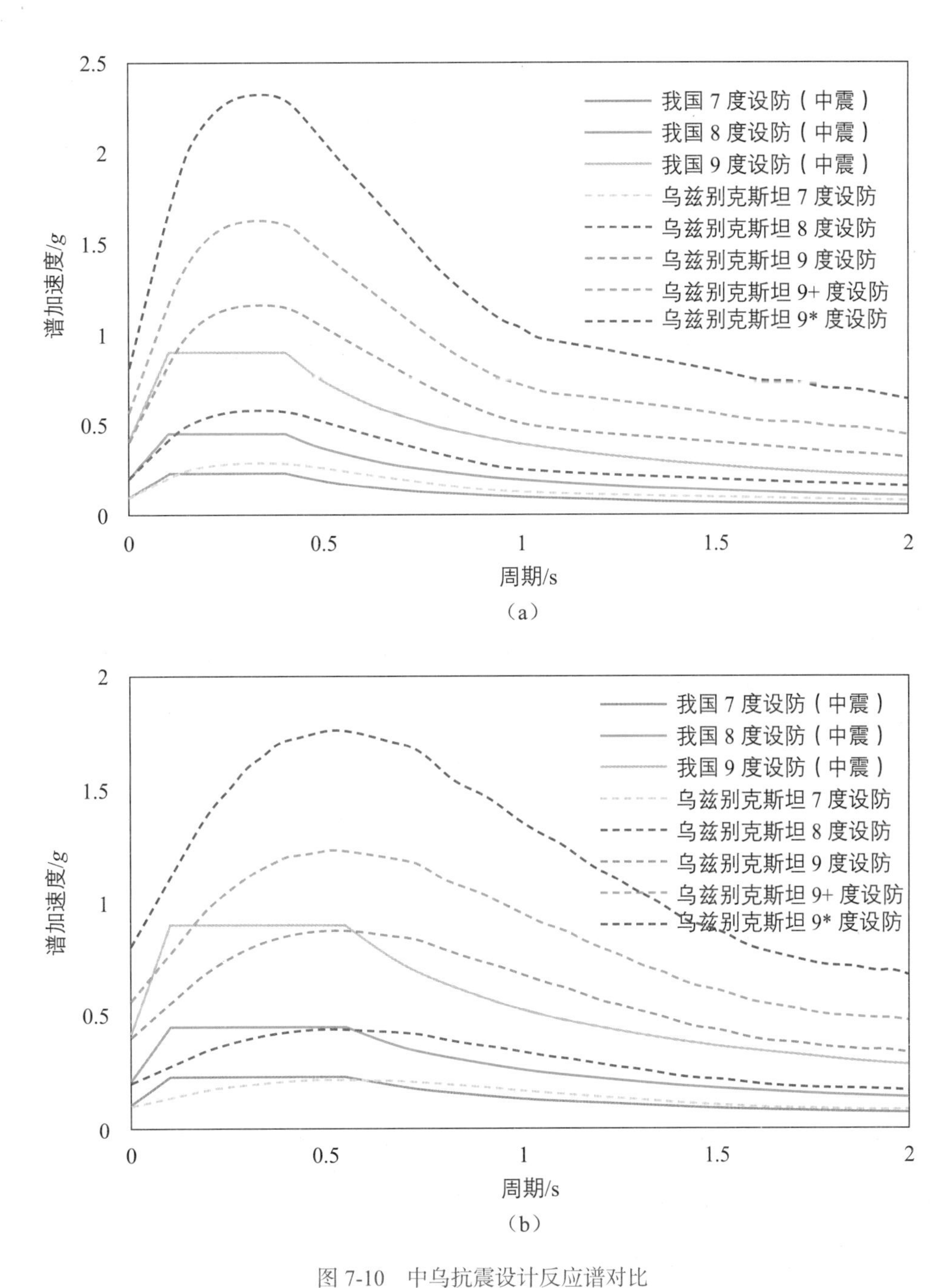

图 7-10　中乌抗震设计反应谱对比

（a）硬土：Ⅱ类场地（中），Ⅰ、Ⅱ类场地（乌）；（b）软土：Ⅲ类场地（中）、Ⅲ类场地（乌）

第 8 章　地震人员死亡风险评估

中亚五国地震人员死亡风险评估图展示了四个不同概率水平地震作用下（50 年超越概率 63%、10%、2%，以及 100 年超越概率 1%），建筑物破坏所导致的地震人员死亡风险分布情况。它们以建筑物、人口、GDP 等社会多元统计数据为基础，获取不同结构类型的既有建筑存量及占比信息，分析各类结构的地震易损性，进而评估不同强度地震作用下中亚五国人员死亡风险。

地震人员死亡风险与地震危险性、建筑物易损性、人员分布（各类建筑物中人员数量）、死亡率（建筑破坏造成的人员死亡率）紧密相关。地震人员死亡风险的一般表达式如下：

地震人员死亡风险 = 地震危险性 × 建筑物易损性 × 死亡率 × 人员分布

1. 基础数据

人口数据参考美国橡树岭国家实验室（ORNL）LandScan 计划的公里网格数据及世界银行（World Bank）中亚地区经济韧性提升和降低灾害风险项目（Strengthening Financial Resilience and Accelerating Risk Reduction in Central Asia，SFRARR）开发的人口数据集，并根据中亚五国地区人口统计数据进行了修正。

GDP 数据基于社会经济数据和应用中心（Socioeconomic Data and Applications Center，SEDAC）的综合数据，根据中亚五国政府网站发布的 2022 年 GDP 数据进行了修正。

建筑物数据采用世界银行中亚地区经济韧性提升和降低灾害风险项目制作的中亚五国住宅建筑物和非住宅建筑物网格数据。建筑分类采用中亚地震模型项目（Earthquake Model Central Asia, EMCA）定义的 15 种建筑类别，见表 8-1。

地震危险性数据采用第 6 章的研究成果，以四个概率水平（50 年超越概率 63%、10% 和 2%，以及 100 年超越概率 1%）的Ⅱ类场地地震动峰值加速度为风险评估的地震输入。

建筑物易损性数据参考 SRKR16、SERA、International Literature、GLOSI 和地方性研究成果，并对比中国相似建筑物的建构造特点，分析给出各类结构的易损性数据。

表 8-1　建筑分类表

<table>
<tr><th>EMCA分类</th><th>EMCA子类</th><th>描述</th><th>建造时间</th><th>层数</th><th>层面积/m²</th><th>户数</th><th>平均居住人数</th></tr>
<tr><td rowspan="5">EMCA1</td><td>URM1</td><td>无筋砌体</td><td rowspan="2">1930—1960年</td><td>2～4</td><td>250</td><td rowspan="2">1</td><td rowspan="2">3.8</td></tr>
<tr><td>URM2</td><td>混凝土楼板无筋砌体</td><td>1～2</td><td>150</td></tr>
<tr><td>CM</td><td>约束砌体</td><td rowspan="3">1960—2001年</td><td>1～5</td><td>2000</td><td rowspan="3">12</td><td>76</td></tr>
<tr><td>RM-L</td><td>低层配筋砌体</td><td>1～2</td><td>250</td><td>5.2</td></tr>
<tr><td>RM-M</td><td>中层配筋砌体</td><td>3～4</td><td>2000</td><td>104</td></tr>
<tr><td rowspan="4">EMCA2</td><td>RC1</td><td>未抗震设防钢混框架</td><td>1957—2006年</td><td>3～7</td><td>1500</td><td rowspan="4">45</td><td rowspan="3">152</td></tr>
<tr><td>RC2</td><td>中等抗震设防钢混框架</td><td>1957—2021年</td><td>4～9</td><td>2000</td></tr>
<tr><td>RC3</td><td>高等抗震设防钢混框架</td><td>1957—2021年</td><td>2～5</td><td>1500</td></tr>
<tr><td>RC4</td><td>未抗震设防剪力墙</td><td>1957—2006年</td><td>4～16</td><td>5000</td><td>90</td></tr>
<tr><td rowspan="2">EMCA3</td><td>RCPC1</td><td>中等抗震设防剪力墙</td><td>1956—1980年</td><td>1～16</td><td rowspan="2">5000</td><td rowspan="2">70</td><td rowspan="2">152</td></tr>
<tr><td>RCPC2</td><td>高等抗震设防剪力墙</td><td>1980—2021年</td><td>3～12</td></tr>
<tr><td>EMCA4</td><td>ADO</td><td>土坯结构</td><td></td><td>1</td><td>100</td><td>1</td><td>5.2</td></tr>
<tr><td rowspan="2">EMCA5</td><td>WOOD1</td><td>承重支撑框架木结构</td><td>至今</td><td>1～2</td><td rowspan="2">150</td><td rowspan="2">1</td><td rowspan="2">3.8</td></tr>
<tr><td>WOOD2</td><td>木框架泥填充墙木结构</td><td>1980年以前</td><td>1～2</td></tr>
<tr><td>EMCA6</td><td>STEEL</td><td>钢结构</td><td></td><td>1</td><td>2000</td><td>1</td><td></td></tr>
</table>

2. 地震人员死亡风险评估

基于地震危险性、人口、经济、建筑物等数据，计算得到四个不同概率水平地震作用下（50 年超越概率 63%、10% 和 2%，以及 100 年超越概率 1%），以公里网格为单位的中亚五国地震人员死亡分布，见图 8-1～图 8-4。

中亚五国的国土面积、承灾体数量以及地震危险性差异显著。哈萨克斯坦地域广

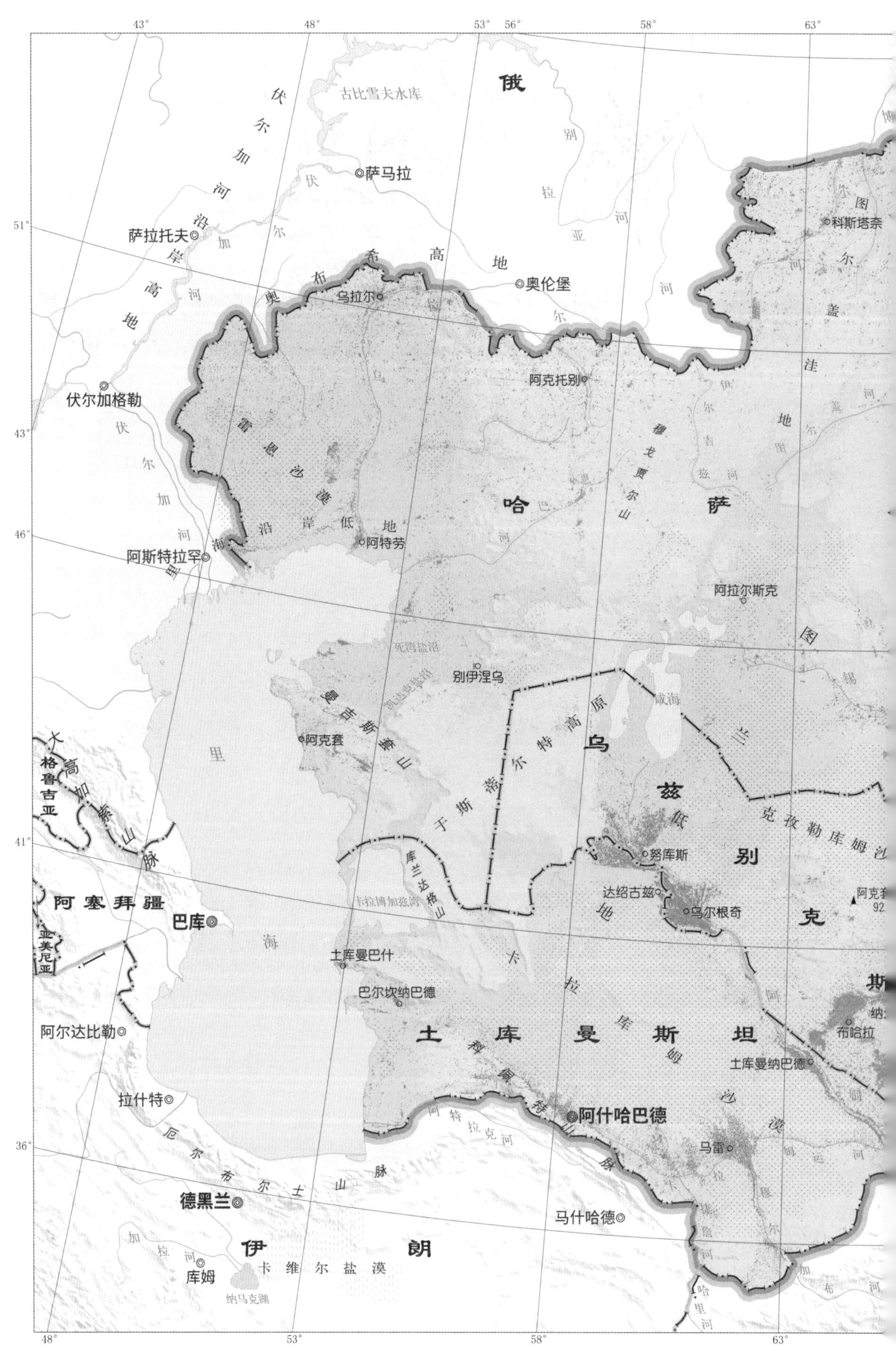

图 8-1　中亚五国地震人员死亡数量分布图（50 年超越概率 63%）

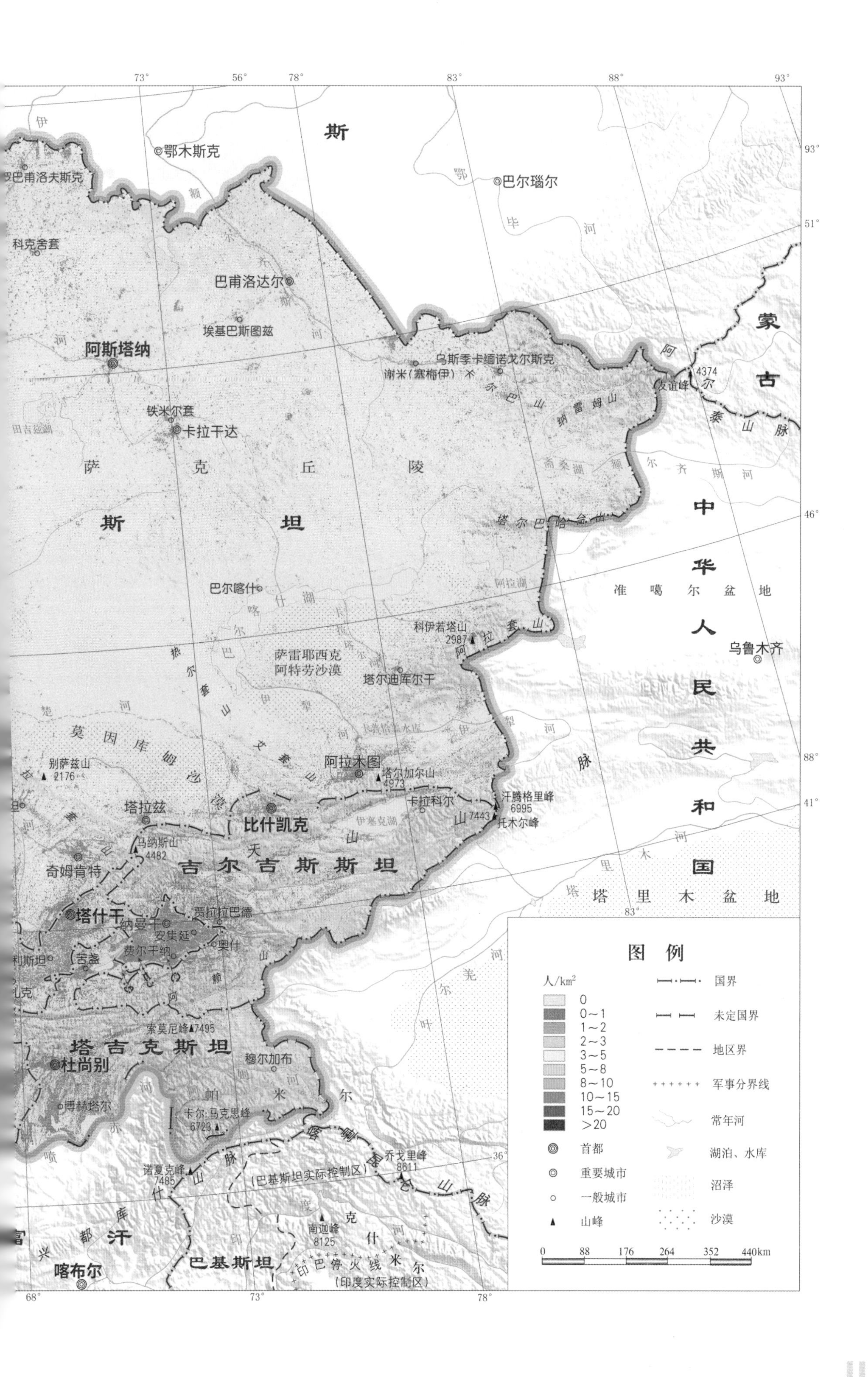

斯
鄂木斯克
巴尔瑙尔
巴甫洛夫斯克
科克舍套
巴甫洛达尔
埃基巴斯图兹
阿斯塔纳
乌斯季卡缅诺戈尔斯克
谢米(塞梅伊)
铁米尔套
卡拉干达
萨 克 丘 陵
斯 坦
蒙 古
友谊峰
4374
阿 尔 泰 山 脉
中 华 人 民 共 和 国
准 噶 尔 盆 地
乌鲁木齐
巴尔喀什
科伊若塔山
2987
萨雷耶西克
阿特劳沙漠
塔尔迪库尔干
莫 因 库 姆 沙 漠
别萨兹山
2176
阿拉木图
塔尔加尔山
4973
塔拉兹
比什凯克
卡拉科尔
汗腾格里峰
6995
7443
托木尔峰
马纳斯山
4482
奇姆肯特
吉 尔 吉 斯 斯 坦
塔 里 木 盆 地
塔什干
纳曼干
安集延
贾拉拉巴德
费尔干纳
奥什
索莫尼峰
7495
塔 吉 克 斯 坦
杜尚别
穆尔加布
博赫塔尔
卡尔·马克思峰
6723
诺夏克峰
7485
乔戈里峰
8611
(巴基斯坦实际控制区)
南迦峰
8125
印巴停火线
(印度实际控制区)
巴基斯坦
汗
喀布尔
图 例
人/km²
0
0～1
1～2
2～3
3～5
5～8
8～10
10～15
15～20
>20
首都
重要城市
一般城市
山峰
国界
未定国界
地区界
军事分界线
常年河
湖泊、水库
沼泽
沙漠
0 88 176 264 352 440km

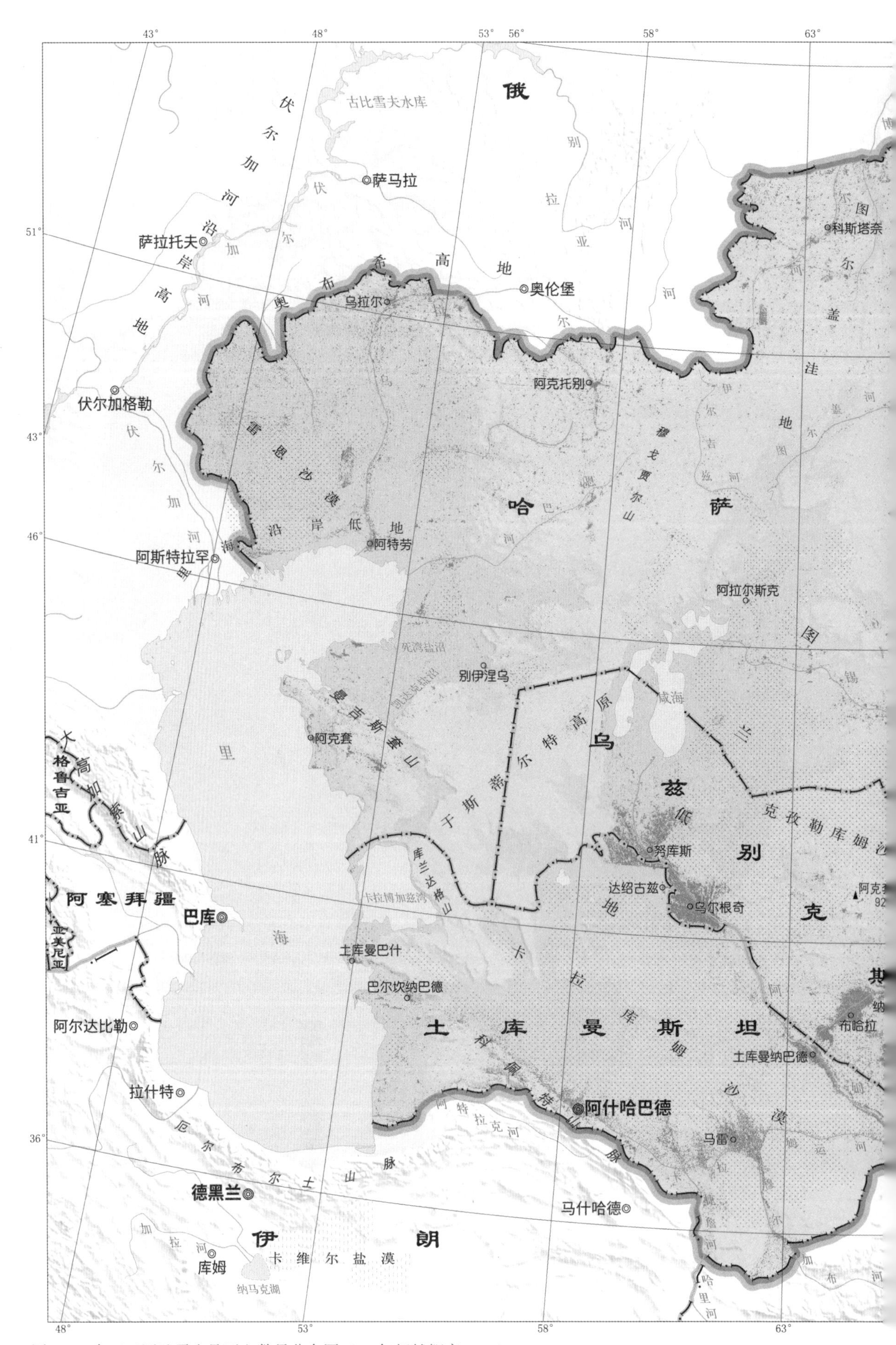

图 8-2　中亚五国地震人员死亡数量分布图（50 年超越概率 10%）

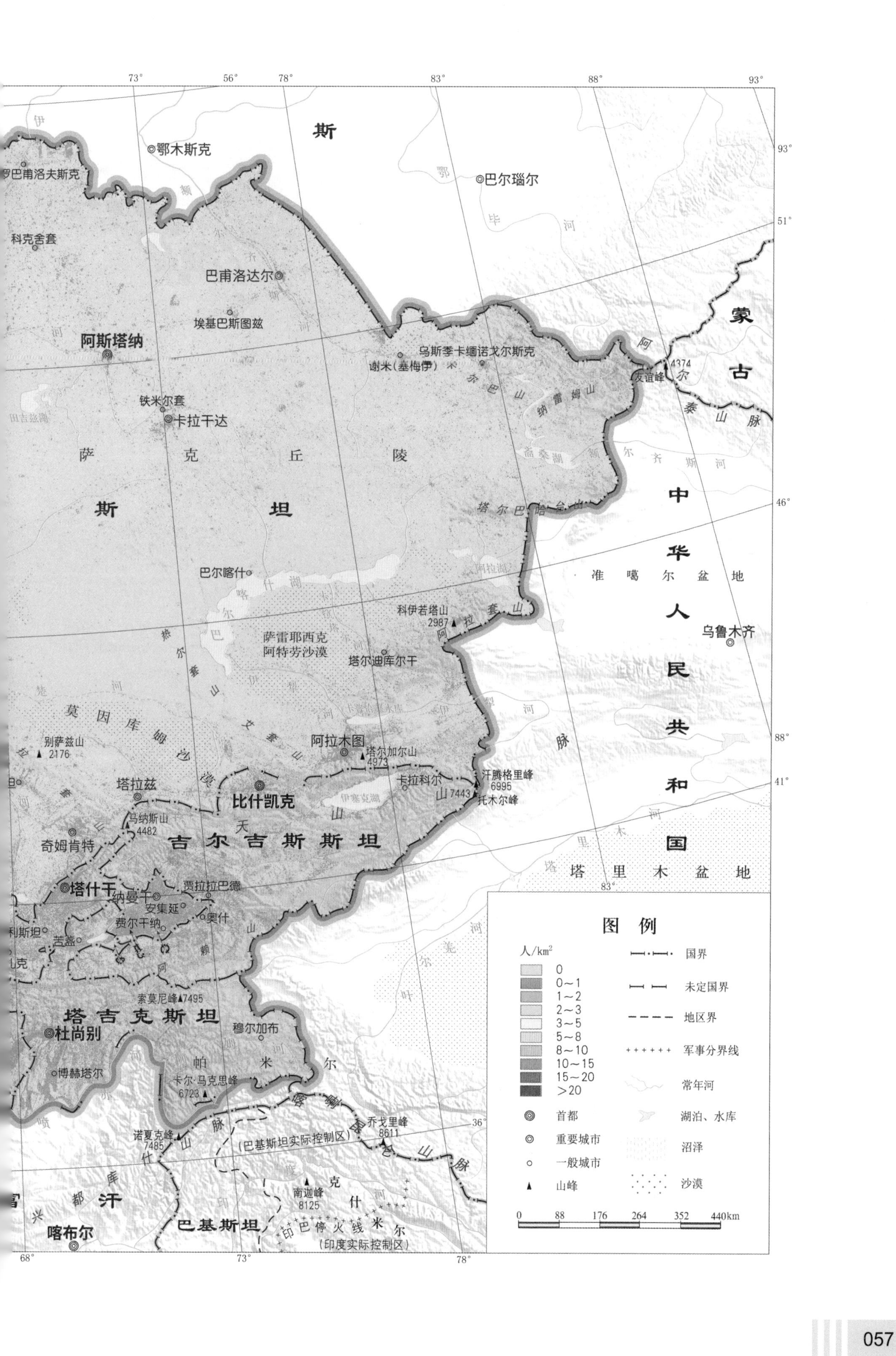

斯
鄂木斯克
巴尔瑙尔
巴甫洛夫斯克
科克舍套
巴甫洛达尔
埃基巴斯图兹
阿斯塔纳
乌斯季卡缅诺戈尔斯克
谢米(塞梅伊)
蒙
古
4374
友谊峰
阿尔泰山脉
纳雷姆山
斋桑湖
额尔齐斯河
铁米尔套
卡拉干达
田吉兹湖
萨克丘陵
斯坦
塔尔巴哈台山
中华人民共和国
阿拉湖
准噶尔盆地
巴尔喀什
巴尔喀什湖
科伊若塔山
2987
阿拉套山
乌鲁木齐
萨雷耶西克
阿特劳沙漠
塔尔迪库尔干
楚河
莫因库姆沙漠
伊犁河
别萨兹山
2176
阿拉木图
塔尔加尔山
4973
塔拉兹
比什凯克
汗腾格里峰
6995
卡拉科尔
伊塞克湖
7443
托木尔峰
马纳斯山
4482
奇姆肯特
吉尔吉斯斯坦
塔里木盆地
塔什干
纳曼干
贾拉拉巴德
安集延
费尔干纳
奥什
苦盏
索莫尼峰7495
塔吉克斯坦
杜尚别
穆尔加布
帕米尔
博赫塔尔
卡尔·马克思峰
6723
诺夏克峰
7485
乔戈里峰
8611
(巴基斯坦实际控制区)
兴都库什山
南迦峰
8125
喀布尔
巴基斯坦
印巴停火线
(印度实际控制区)
图例
人/km²
0
0~1
1~2
2~3
3~5
5~8
8~10
10~15
15~20
>20
首都
重要城市
一般城市
山峰
国界
未定国界
地区界
军事分界线
常年河
湖泊、水库
沼泽
沙漠
0 88 176 264 352 440km

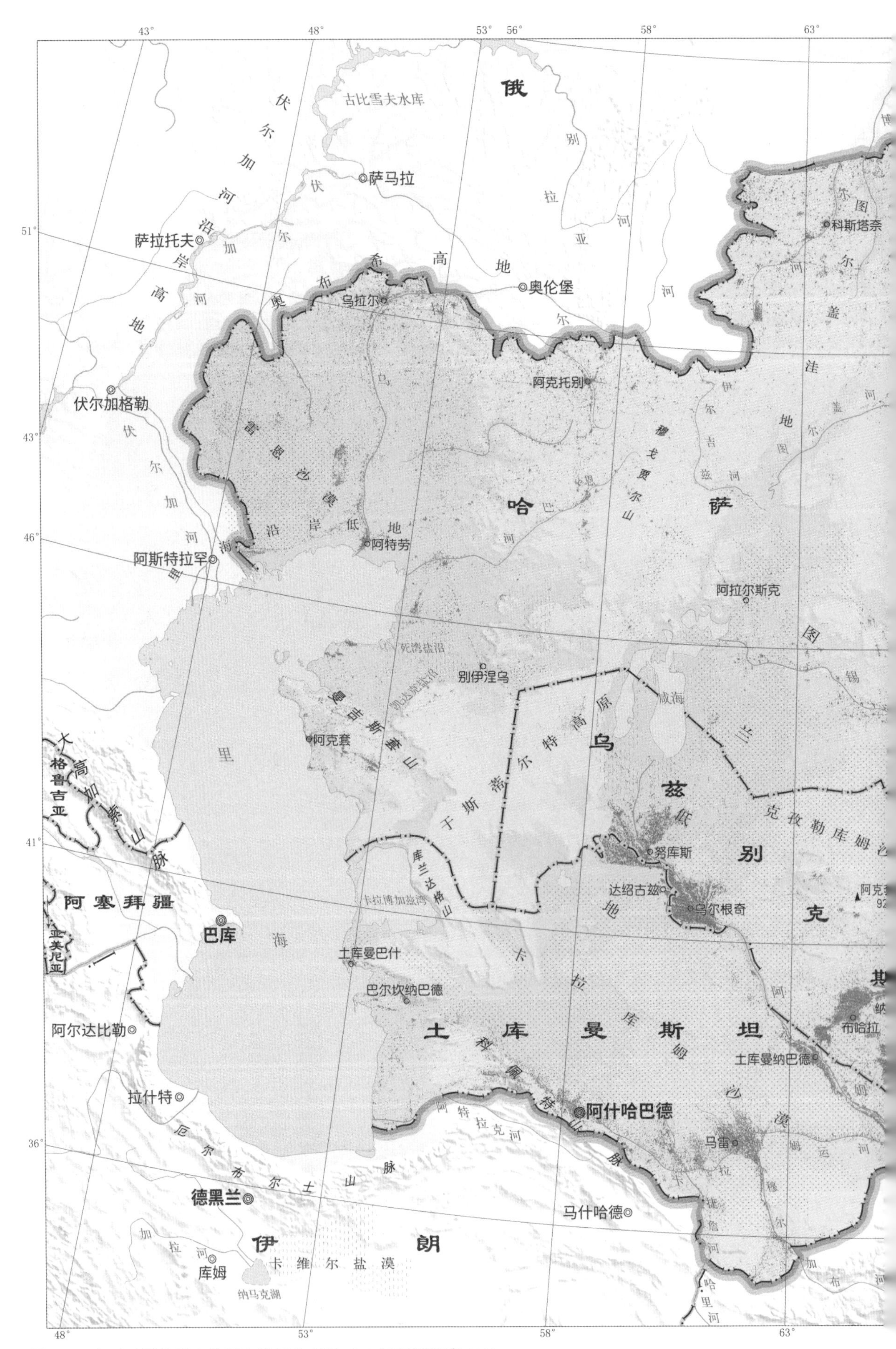

图 8-3　中亚五国地震人员死亡数量分布图（50 年超越概率 2%）

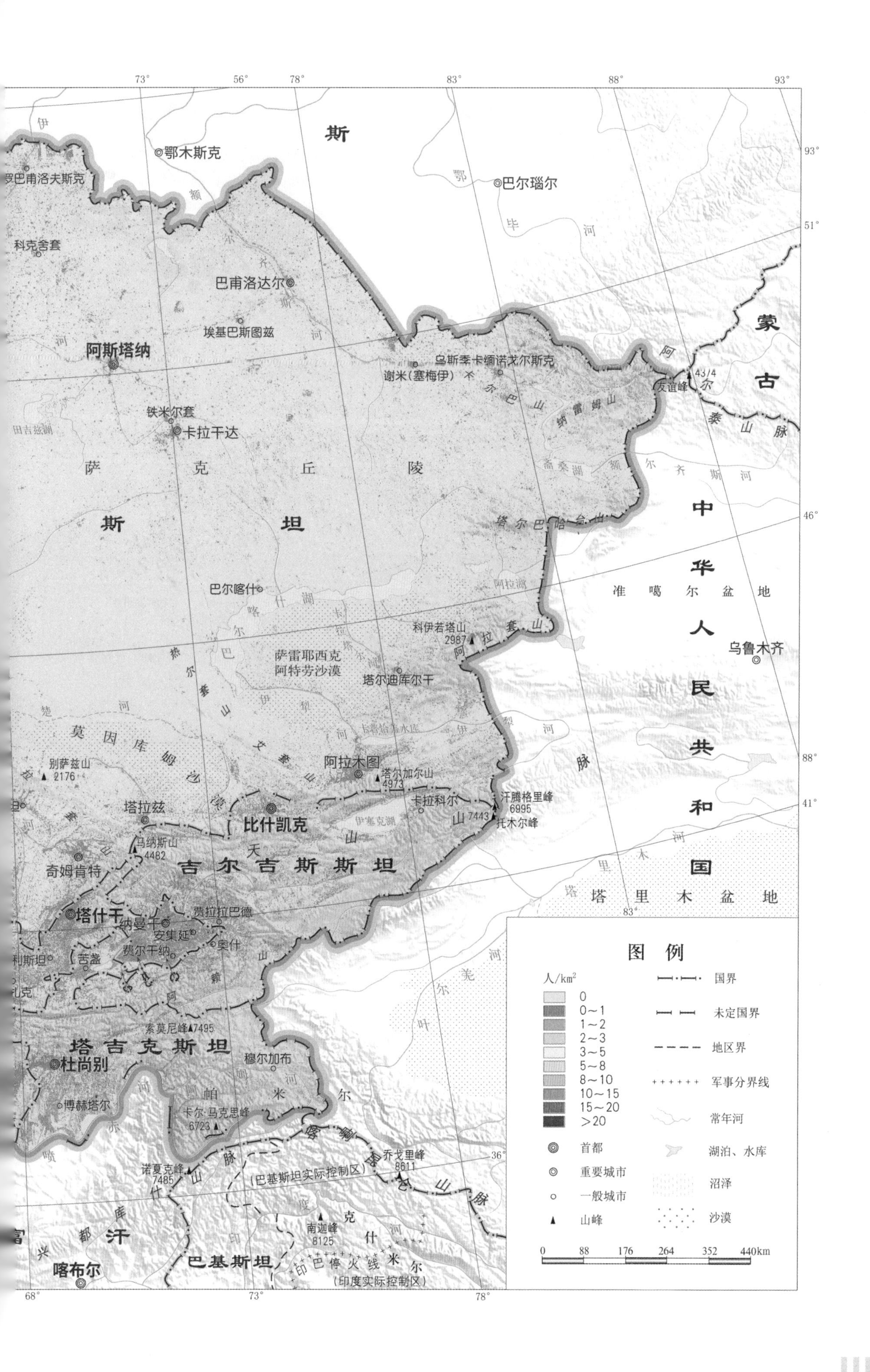
斯
鄂木斯克
巴尔瑙尔
罗巴甫洛夫斯克
科克舍套
巴甫洛达尔
埃基巴斯图兹
阿斯塔纳
乌斯季卡缅诺戈尔斯克
谢米（塞梅伊）
友谊峰
蒙
古
铁米尔套
卡拉干达
萨
克
丘
陵
斯
坦
中
华
人
民
共
和
国
准噶尔盆地
巴尔喀什
科伊若塔山
2987
乌鲁木齐
萨雷耶西克
阿特劳沙漠
塔尔迪库尔干
莫因库姆沙漠
别萨兹山
2176
阿拉木图
塔尔加尔山
4973
汗腾格里峰
6995
卡拉科尔
托木尔峰
塔拉兹
比什凯克
马纳斯山
4482
奇姆肯特
吉尔吉斯斯坦
塔里木盆地
塔什干
纳曼干
贾拉拉巴德
安集延
奥什
费尔干纳
苦盏
索莫尼峰7495
塔吉克斯坦
杜尚别
穆尔加布
博赫塔尔
卡尔·马克思峰
6723
诺夏克峰
7485
乔戈里峰
8611
（巴基斯坦实际控制区）
南迦峰
8125
阿
富
汗
喀布尔
巴基斯坦
印巴停火线
（印度实际控制区）
图 例
人/km²
0
0～1
1～2
2～3
3～5
5～8
8～10
10～15
15～20
>20
国界
未定国界
地区界
军事分界线
常年河
湖泊、水库
沼泽
沙漠
首都
重要城市
一般城市
山峰
0 88 176 264 352 440km

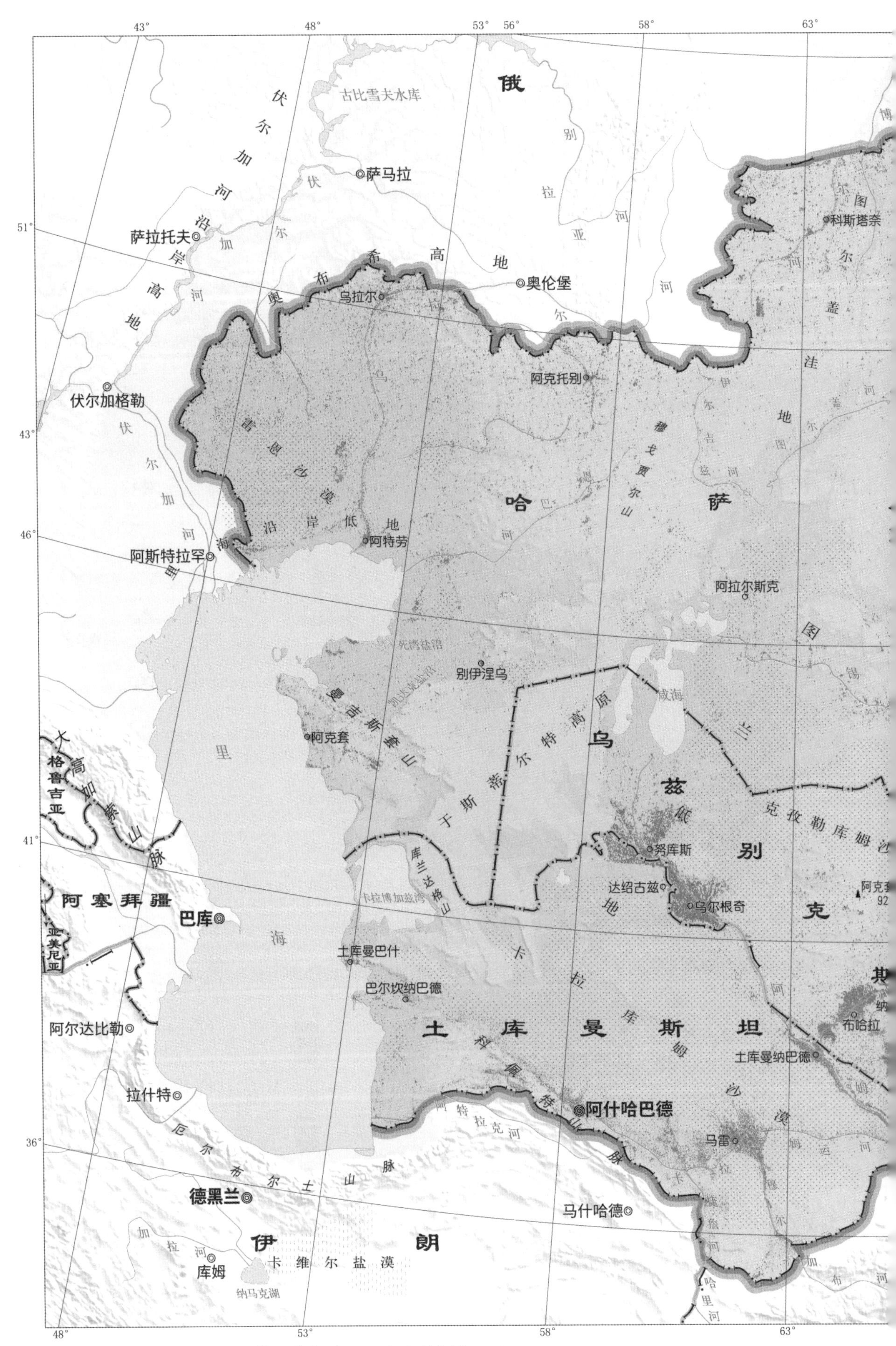

图 8-4　中亚五国地震人员死亡数量分布图（100 年超越概率 1%）

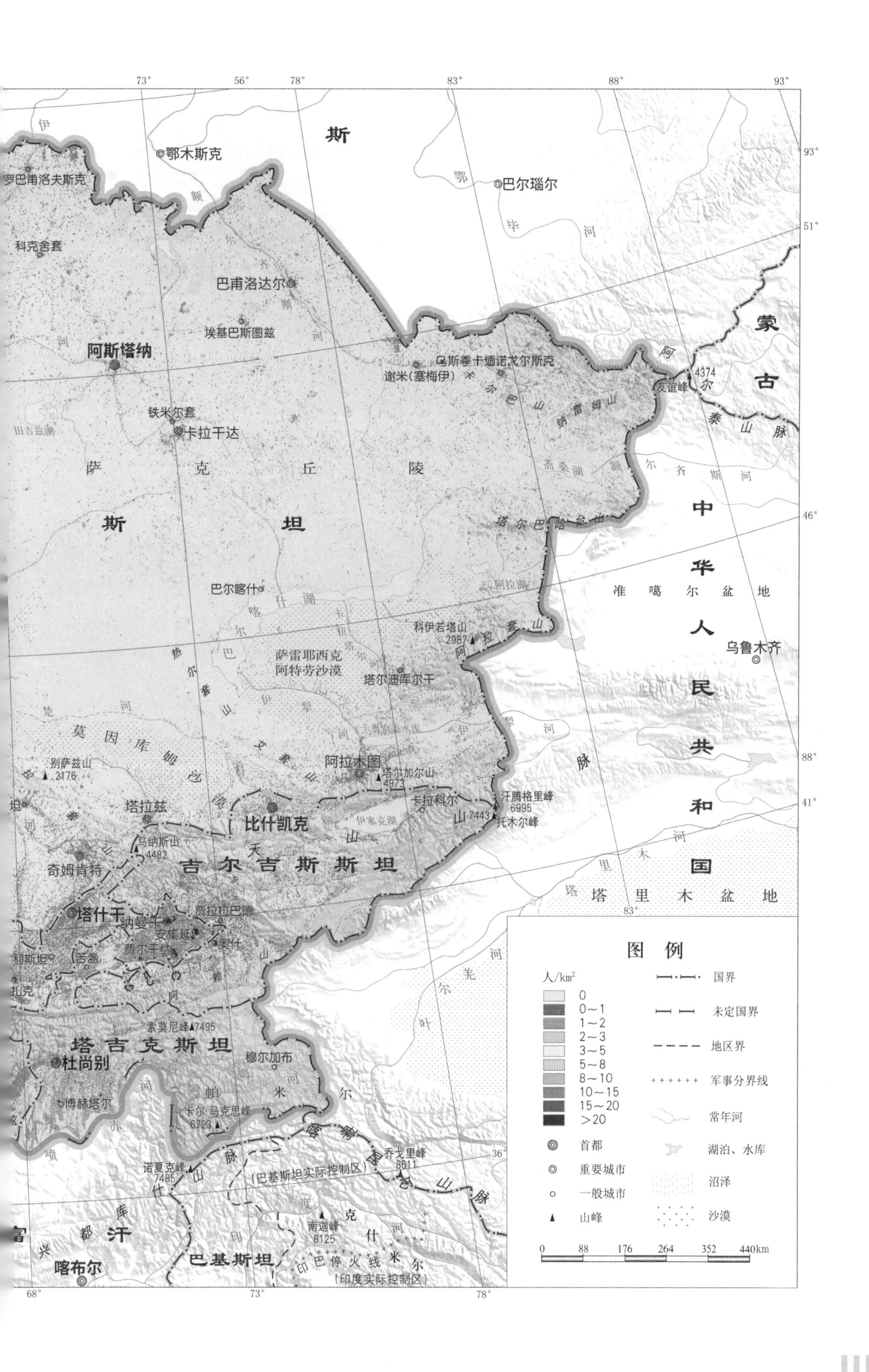
斯
鄂木斯克
巴尔瑙尔
罗巴甫洛夫斯克
科克舍套
巴甫洛达尔
埃基巴斯图兹
阿斯塔纳
乌斯季卡缅诺戈尔斯克
谢米（塞梅伊）
铁米尔套
卡拉干达
萨 克 丘 陵
斯 坦
蒙 古
中 华 人 民 共 和 国
友谊峰 4374
阿 尔 泰 山 脉
纳 雷 姆 山
斋桑湖
额 尔 齐 斯 河
塔 尔 巴 哈 台 山
准 噶 尔 盆 地
巴尔喀什
巴 尔 喀 什 湖
阿拉湖
科伊若塔山 2987
阿 拉 套 山
乌鲁木齐
萨雷耶西克
阿特劳沙漠
塔尔迪库尔干
莫 因 库 姆 沙 漠
别萨兹山 2176
阿拉木图
塔尔加尔山 4973
卡拉科尔
汗腾格里峰 6995
托木尔峰
山 7443
伊塞克湖
塔拉兹
比什凯克
马纳斯山 4482
奇姆肯特
吉 尔 吉 斯 斯 坦
塔 里 木 盆 地
塔什干
纳曼干
贾拉拉巴德
安集延
奥什
费尔干纳
浩罕
索莫尼峰 7495
塔 吉 克 斯 坦
杜尚别
穆尔加布
博赫塔尔
帕 米 尔
卡尔·马克思峰 6723
诺夏克峰 7485
乔戈里峰 8611
（巴基斯坦实际控制区）
南迦峰 8125
喀 喇 昆 仑 山 脉
兴 都 库 什 山
富 汗
喀布尔
巴基斯坦
印巴停火线
（印度实际控制区）
图 例
人/km²
0
0～1
1～2
2～3
3～5
5～8
8～10
10～15
15～20
＞20
国界
未定国界
地区界
军事分界线
常年河
湖泊、水库
沼泽
沙漠
首都
重要城市
一般城市
山峰
0 88 176 264 352 440km

阔，其国土面积大约是土库曼斯坦或乌兹别克斯坦的6倍，是吉尔吉斯斯坦或塔吉克斯坦的15倍。乌兹别克斯坦是中亚人口最多的国家，塔吉克斯坦的人口密度仅次于乌兹别克斯坦，哈萨克斯坦人口密度最低。此外，受地形地貌、环境资源、经济发展水平、城镇化程度等因素影响，人口分布极不均匀，西部沙漠、山地地区人烟稀少，而南部的阿姆河、锡尔河和费尔干纳盆地地区人口较为密集。同时，南部地区的地震危险性相较其他地区高。

从地震人员死亡风险评估结果中可以看出，在中亚五国之中，塔吉克斯坦和吉尔吉斯斯坦地震人员死亡风险相对较大，乌兹别克斯坦和土库曼斯坦地震人员死亡风险中等，哈萨克斯坦地震人员死亡风险相对较小。

不同地震危险性水平下的人员死亡分布情况如下。

①在50年超越概率63%的地震危险性水平下，塔吉克斯坦西部的共和国直辖区，吉尔吉斯斯坦西部的奥什州、巴特肯州和贾拉拉巴德州，以及乌兹别克斯坦东部的纳曼干州等人口较稠密地区存在地震人员死亡风险。

②在50年超越概率10%的地震危险性水平下，塔吉克斯坦和吉尔吉斯斯坦地震人员死亡风险增大，并且乌兹别克斯坦东部的安集延州、费尔干纳州、纳曼干州，土库曼斯坦的阿哈尔州、巴尔坎州，以及哈萨克斯坦的江布尔州、阿拉木图州存在地震人员死亡风险。

③在50年超越概率2%的地震危险性水平下，塔吉克斯坦和吉尔吉斯斯坦大部分地区，乌兹别克斯坦多数地区，土库曼斯坦的阿哈尔州、巴尔坎州、列巴普州，以及哈萨克斯坦的南哈萨克斯坦州存在地震人员死亡风险。

④在100年超越概率1%的地震危险性水平下，中亚五国大多数有人口分布的地区都存在死亡风险，尤其是南部地区地震动峰值加速度最高达0.8 g，人员死亡风险极大。

第9章 主要地震诱发灾害分布

地震的直接灾害，包括了地震动对工程设施的振动破坏，地震导致的断层地表位错、崩塌滑坡等地质灾害，场地土的液化和震陷等场地灾害等。这些灾害可以统称为地震诱发灾害，在中亚五国都可能出现。

通过对基岩分布、地表坡度、水系分布和地震活动强度的综合分析，我们认为位于中亚东部、东南部的帕米尔、天山、阿尔泰山和位于中亚南部的伊朗高原、高加索地区由于地形起伏较大，可能发生严重的地震崩塌滑坡灾害，巴尔喀什湖、咸海、里海周边可能发生较为严重的场地液化、震陷等灾害，而地震活动断层穿过的地区可能发生地震地表破裂，这些灾害在本地区历史上都有实际的震害案例。在详细调查和科学评估基础上，这些灾害形式有些能通过适当的工程措施加以避免、减轻，但有些必须通过合理避开灾害隐患地区才能保证工程实施安全。

各类建设工程在规划选址和抗震设防中，一般较为重视地震动作用下的破坏效应并采取相应措施，以确保工程安全；对地震崩塌滑坡、场地液化、震陷等地震诱发灾害的重视程度相对不足，但这几类地震诱发灾害对于工程安全等来说通常是具有颠覆性和毁灭性破坏作用的。如发生在伊塞克湖附近的1911年8.0级地震和费尔干纳盆地北缘的1946年7.5级地震诱发的岩崩、滑坡、砂土液化等灾害对该地区造成了严重破坏。因此，在中亚五国进行工程设施和人员伤亡的灾害风险识别与评价中，需要充分重视和考虑可能产生的地震诱发灾害，并采取适当的措施加以防范。

中亚五国地震诱发崩塌滑坡风险分布图见图9-1。

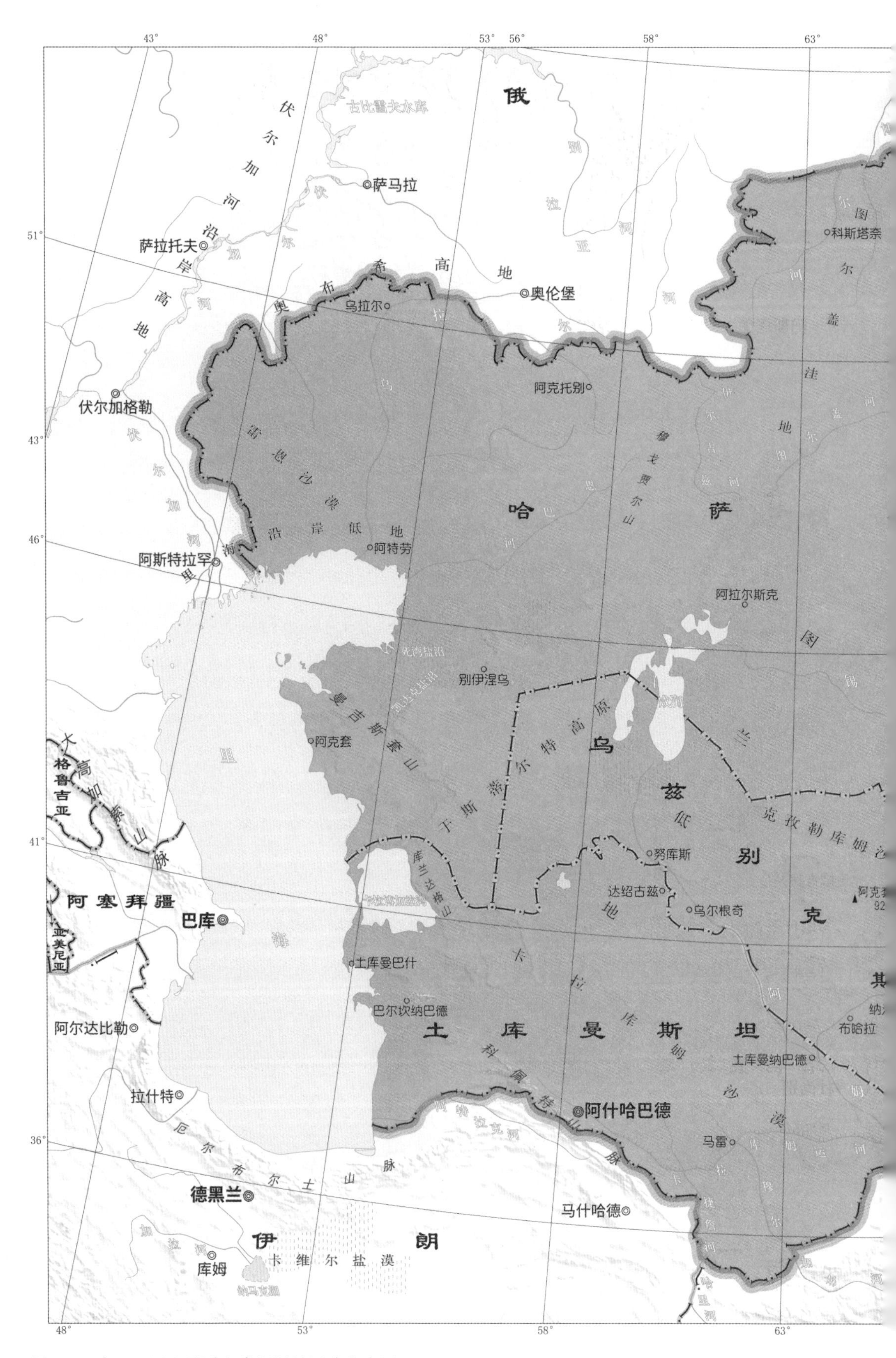

图 9-1　中亚五国地震诱发崩塌滑坡风险分布图

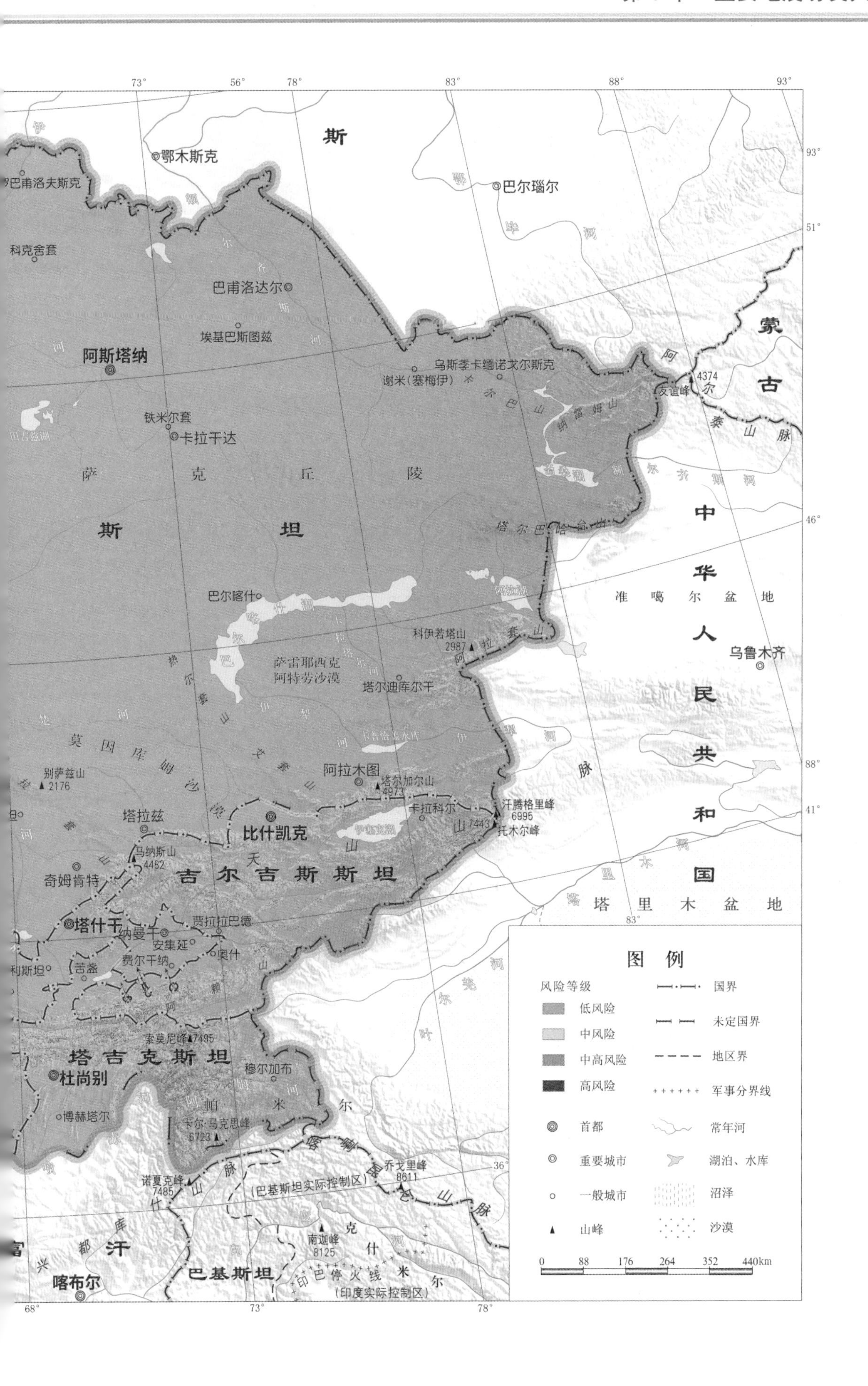
斯
鄂木斯克
巴尔瑙尔
巴甫洛夫斯克
科克舍套
巴甫洛达尔
埃基巴斯图兹
阿斯塔纳
乌斯季卡缅诺戈尔斯克
谢米(塞梅伊)
铁米尔套
卡拉干达
萨　克　丘　陵
斯　坦
巴尔喀什
科伊若塔山
2987
萨雷耶西克
阿特劳沙漠
塔尔迪库尔干
莫因库姆沙漠
别萨兹山
2176
阿拉木图
塔尔加尔山
4973
塔拉兹
比什凯克
卡拉科尔
汗腾格里峰
6995
托木尔峰
7443
马纳斯山
4482
奇姆肯特
吉尔吉斯斯坦
塔什干
贾拉拉巴德
纳曼干
安集延
奥什
费尔干纳
苦盏
利斯坦
索莫尼峰
7495
塔吉克斯坦
杜尚别
穆尔加布
博赫塔尔
卡尔·马克思峰
6723
帕　米　尔
诺夏克峰
7485
乔戈里峰
8611
(巴基斯坦实际控制区)
南迦峰
8125
克　什　米　尔
印巴停火线
(印度实际控制区)
巴基斯坦
汗
喀布尔
蒙　古
友谊峰
4374
阿尔泰山脉
纳雷姆山
中　华　人　民　共　和　国
准　噶　尔　盆　地
乌鲁木齐
塔　里　木　盆　地
图　例
风险等级
低风险
中风险
中高风险
高风险
国界
未定国界
地区界
军事分界线
首都
常年河
重要城市
湖泊、水库
一般城市
沼泽
山峰
沙漠
0
88
176
264
352
440km
73°
56°
78°
83°
88°
93°
51°
46°
41°
36°
68°

第 10 章 地震灾害应急应对

本章对中亚五国的应急常备工作、震时避险逃生和震后自救互救提出了相关建议，并介绍了为应对地震灾害等紧急情况，中亚各国政府建立的国家应急管理机构和体制框架，区域间各国应对灾害的合作机制，以及与我国定期开展的地震减灾及应急领域的合作情况。

1. 应急准备与避险救生

中亚五国属温带大陆性气候，冬冷夏热，降水稀少，有的地方终年积雪，被埋压人员黄金救援时间大幅缩短，增强了应急救援的紧迫性。震后应急救援时需要考虑时效性的影响，应加强自救互救能力建设。山路较多，需通过实物储备、协议储备等方式储备足量的御寒和生活物资。考虑地域特点，冬季发生地震时首选室内避难方式。

1）应急常备工作

地震经常会引起建筑物倒塌，要在短时间内安置灾民，需储备一定数量的棉被和帐篷等物资。位于中亚五国农村的企业（建筑物抗震能力较差），地震后Ⅵ度区，需安置所在区域人数的 0.4% 左右，Ⅶ度区需安置所在区域人数的 2%～3%，Ⅷ度区需安置所在区域人数的 30%～40%，Ⅸ度区需安置所在区域人数的 55%～65%，Ⅹ度区需安置接近 100% 的人口。针对建筑物抗震能力相对较强的城镇地区，地震后Ⅵ度区需安置所在区域人数的 0.1%，Ⅶ度区需安置所在区域人数的 1%～2%，Ⅷ度区需安置所在区域人数的 15%～20%，Ⅸ度区需安置所在区域人数的 30%～40%，Ⅹ度区需安置所在区域人数的 90% 以上。此外，北部地区应储备棉帐篷，南部地区应储备单帐篷，帐篷需求量一般为需安置人口数量的 1/6。

中亚五国的地势总体上呈东南高、西北低。在塔吉克斯坦帕米尔地区和吉尔吉斯斯坦西部天山地区山势陡峭，海拔为 4000～5000 m。山区震后容易引起次生地质灾害，引发交通和通信中断的问题。针对通信中断的问题，多山地区按照一定人口比例配备一定数量的卫星电话，以便在公网中断情况下使用（作为参考，在我国多山地区一般建议 1 个乡镇配备 1～2 台卫星电话）。针对多山地区震后可能造成的交通中断，建议按照一定比例储备一定数量的应急物资，如食品、饮用水等消耗性物资。位于 1 类抗震分区的企业，一般储备 2～3 天的应急物资；位于 2 类抗震分区的企业，一般储备 3～5 天的应急物资；位于 3 类抗震分区的企业，一般储备 5～10 天的应急物资；位于 4 类抗震分区的企业，一般储备 10 天以上的应急物资。

地震会造成一定数量的人员受伤，中亚五国建筑物抗震能力整体较差，受伤人数一般为地震造成死亡人数的 5～10 倍，需储备一定数量的医药、防疫用品和医务人员。

2）避险逃生和撤离疏散

地震来临时，较为明显的特点是门窗、屋顶颤动作响，灰尘掉落，悬挂物如吊灯大幅度晃动，水晃动并从器皿中溢出，屋内大多数人有感觉。这时如正在做饭、烧水，应立即关闭火源电源，防止发生火灾，随后立即采取震时避险和震后疏散措施。

（1）避险逃生。因地制宜，选择安全空间躲避，如坚固家具附近、承重墙墙根墙角等。选择好避震地点后，采取蹲下或坐下的方式，脸朝下，额头枕在两臂上，或抓住桌腿等身边牢固的物体，以免震时摔倒或因身体失控移位而受伤。我国针对人员密集场所，要求制定震时避险方案［《人员密集场所地震避险》（GB/T 30353—2013）］，建议所在地区相关企业制定震时避险方案。

震时避险应注意：保护头颈，如有可能随手抓一个枕头或坐垫护住头部；保护口鼻，如有可能用毛巾等纺织品捂住口鼻，避免灰尘呛肺，窒息而死；不要钻进柜子或箱子里，不要靠近炉灶、煤气管道和家用电器；如震时处于底层且撤离较迅速，可以灵活选择直接逃生。

（2）撤离疏散。地震结束后，为防范较大余震发生，应尽快有序撤离。撤离后最好前往应急避难场所，或其他宽大的空场地等待安置。我国针对人员密集场所，要求制定震后疏散方案，建议所在地区相关企业制定震后疏散方案。

疏散时应注意：该地区山区较多，地震次生地质灾害较严重，逃生后应选择远离地质灾害隐患威胁的场所避险。同时应避开高大建筑物、立交桥等结构复杂的构筑物，避开高耸或悬挂的危险物（变压器、电线杆等），避开危险场所，如狭窄街道、危旧房屋等，不要随人流相互拥挤，不要随便返回室内。

3）自救互救

地震是全灾种灾害，可能引发房屋倒塌、地质灾害、火灾、毒气泄漏等，震后被埋压人员情况各异，自救方法视被埋压情况而定，应注意以下事项。

（1）该地区土木、石木结构房屋较多，震后应用湿毛巾或衣物等捂住口鼻，防止因灰尘呛闷发生窒息。

（2）尽量活动手脚，防止麻木，并慢慢挪开头部、胸部之上的杂物和压在身体其他部位的物件，维持呼吸顺畅。

（3）用周围可以挪动的物品支撑身体上方的重物，避免进一步塌落，并避开身体上方不结实的倒塌物和其他容易掉落的物体。

（4）朝有光亮、更安全宽敞的地方挪动，寻找和开辟通道设法脱险；一时无法脱险时要尽量保存体力，避免情绪急躁，盲目大声呼救。

（5）节约使用随身携带的饮用水和食品等，尽量寻找食品和饮用水，必要时可用自己的尿液解渴。

互救是指已经脱险的人员和专门的抢险营救人员对被埋压在废墟下的人员所进行的营救，在抗震救灾中具有重要意义。地震互救的基本原则如下。

（1）先多后少，即先在埋压人员多的地方施救。

（2）先近后远，即先救近处的被埋压人员。

（3）先轻后重，即先救轻伤和强壮人员，扩大营救队伍。

（4）先救“生”，后救“人”，即先保证被埋压人员的呼吸等，保证生命的基本需求，再依靠专业救援力量等将其救出。

（5）如果有医务人员被压埋，应优先营救，以增加抢救力量。

（6）在救援他人时应优先保证自身安全。

地震深埋压人员需要专业救援队进行搜救。农村的地震应急救援主要需要轻型和中型救援队，以应对农村建筑物破坏和倒塌问题。城镇需要重型救援队，以应对砖混和框架结构房屋的破坏；需要中型救援队，主要用于应对砖木房屋破坏。建议所在地区企业加强日常地震自救互救能力建设，加强日常地震应急演练等。

2. 应急管理体制框架

中亚五国均建立了国家应急管理机构并制定了体制框架，在国家防灾减灾体制框架内，中央政府、地方执行机构和其他组织共同实施救灾行动，从中央到地方、从首都到其他各大城市都建立了健全的紧急情况应对机构。在国家层面设立了负责全国灾害管理和应对的工作部门，如紧急情况部、紧急情况与民防委员会、民防和救援行动总局等，同时建有应急医疗中心、应急救灾组织、信息网络中心和指挥中心等支撑机构，用于及时开展自然灾害和人为灾难的应急救助，应急信息的收集、发布及响应等。同时，在州、地区和市一级设有分支机构。各国具体应急管理组织架构如下。

1）哈萨克斯坦

（1）紧急情况部主要职能：哈萨克斯坦于 2020 年 9 月解散内务部紧急情况委员会，组建紧急情况部，负责管理、预防和应对自然灾害和人为灾难等紧急情况，并管理国家物资储备，确保国家民事保护系统的运作和发展。

（2）应急管理组织架构：哈萨克斯坦紧急情况部由消防委员会、民防和军事部门委员会、国家物资储备委员会、工业安全委员会组成，设有公共关系司、紧急情况预防司、应急响应司、国际合作司等部门，下属机构包括行动救援队、灾害医学中心、地震研究所等，其中地震研究所是从事地震监测预测、地震区划等研究的专业科研机构。紧急情况部在各地区和主要城市设有紧急情况分局。

（3）政策法规和战略规划：哈萨克斯坦于 2020 年出台法规《跨部门国家突发事件应对委员会条例》（Положение о Межведомственной государственной комиссии по предупреждению и ликвидации чрезвычайных ситуаций），并于 2023 年通过决议草案《关于批准〈2024—2028 年哈萨克斯坦共和国地震产业发展综合规划〉的通知》

（Об утверждении Комплексного плана развития сейсмологической отрасли Республики Казахстан на 2024-2028 годы）。

2）吉尔吉斯斯坦

（1）紧急情况部主要职能：吉尔吉斯斯坦紧急情况部是预防、应对和管理国家紧急情况的机构，主要职责包括制定和实施国家政策，执行法律法规，监督民防领域的活动，保护人民和领土免受自然灾害和人为灾难的影响。吉尔吉斯斯坦紧急情况部通过其组成机构或授权紧急情况预防应对机构开展活动。

（2）应急管理组织架构：吉尔吉斯斯坦紧急情况部下设紧急情况监测和预报司、紧急情况预防和应对司、国家救援人员培训中心、危机管理中心、救援服务队等，同时在各市和地区下设紧急情况分局。

吉尔吉斯斯坦建立了国家减少灾害风险平台，通过协调国家机构、国际组织、本国非政府组织在社会上开展防灾减灾活动，提升国家及社会预防灾害风险的能力。该平台于2008年成立灾害响应协调中心，旨在加强政府与非政府组织之间的合作。

（3）政策法规和战略规划：2023年吉尔吉斯斯坦政府发布了《吉尔吉斯共和国紧急情况部条例》（Кыргыз Республикасынын Өзгөчө кырдаалдар министрлиги жөнүндө ЖОБО）。

3）塔吉克斯坦

（1）紧急情况与民防委员会主要职能：塔吉克斯坦紧急情况与民防委员会负责预防自然灾害及其他事故灾难，并对紧急情况作出应对。该委员会每年形成《塔吉克斯坦共和国紧急情况与民防情况概述》，分析当年塔吉克斯坦自然灾害和人为灾难，为政府和民众提供相应信息。

（2）应急管理组织架构：塔吉克斯坦紧急情况与民防委员会下设中央办公室、民防总局、保护人口和领土总局、危机管理中心、专业搜索和救援服务中心等，并在各州设立地方紧急情况分局。该国建立的相关研究机构包括抗震建筑与地震学研究所及塔吉克斯坦科学院地质、地震工程与地震学研究所等。

（3）政策法规和战略规划：塔吉克斯坦在预防和应对紧急情况方面出台的法律

法规和决议包括《关于保护人民和领土免受自然和人为紧急情况的影响》（О защите населения и территорий от чрезвычайных ситуаций природного и техногенного характера）、《塔吉克斯坦共和国政府紧急情况与民防委员会条例》（«Положение о Комитете по чрезвычайным ситуациям и гражданской обороне при Правительстве Республики Таджикистан»）、《2019—2034 年塔吉克斯坦共和国减少灾害风险国家战略》（Национальная стратегия Республики Таджикистан по снижению риска стихийных бедствий на 2019-2034 годы）等。

4）土库曼斯坦

（1）民防和救援行动总局主要职能：土库曼斯坦国防部于 2007 年成立民防和救援行动总局，主要职责包括对民众进行防灾减灾救灾能力培训、推进灾害治理能力建设和基础设施建设、协调应对紧急情况和开展灾后重建等。

（2）应急管理组织架构：土库曼斯坦民防和救援行动总局在全国设 6 个分局。总局负责制定预防和应对紧急情况的法律文件，提供灾害预防和应急管理的相关资源及人员力量。地方机构负责执行国家和地方的应急预案，向社会发布紧急情况信息。土库曼斯坦的相关研究机构包括土库曼斯坦科学院地震学和大气物理研究所、土库曼斯坦建设和建筑部地震工程研究所等。

（3）政策法规和战略规划：土库曼斯坦于 2019 年颁布第 1156 号总统令《2019—2030 年民防领域国家政策》（государственной политики в области гражданской обороны на 2019-2030 годы），这是执行包括备灾、救灾、减灾和预防措施在内的国家行动计划。2019 年，土库曼斯坦民防和救援行动总局与联合国国家办事处签订了在应急准备和响应方面进行合作的谅解备忘录，致力于开展联合行动，提升国家抗灾能力，减少灾害风险。

5）乌兹别克斯坦

（1）紧急情况部主要职能：乌兹别克斯坦紧急情况部负责监测、预测、预防、应对地震、滑坡、泥石流、洪水、雪崩等自然灾害和预防、应对人为事故灾难，主要任务包括制定和执行国家政策，协调各部门、各地区开展应急响应活动，组织灾害应急救援等。

（2）应急管理组织架构：乌兹别克斯坦紧急情况部下设紧急情况救援和事务处理总局、应急管理局、国家应急管理与响应中心等机构，并设有紧急情况学院、民事保护研究所、特殊任务救援中心、地震预报监测中心等。紧急情况部在各州级政府层面设有地方机构。

（3）政策法规和战略规划：2006 年，乌兹别克斯坦政府通过了《国家减轻地震风险计划》，并于 2011 年出台了《人民应对地震紧急情况准备计划》。2019 年，乌兹别克斯坦通过了《关于进一步改进紧急情况部活动的组织措施》（Об Организационных Мерах По Дальнейшему Совершенствованию Деятельности Министерства По Чрезвычайным Ситуациям）。2023 年，颁布内阁法令《关于乌兹别克斯坦共和国在紧急情况下有效组织预防和应急行动的措施》（О Мерах По Эффективной Организации Деятельности Государственной Системы Предупреждения И Действий В Чрезвычайных Ситуациях Республики Узбекистан）。

3. 区域应急协同与协作

1）区域间协同配合

中亚五国通过举办论坛会议、共建政府间机构、开展联合行动计划、建立区域预警系统等多项措施，在震灾应急方面协同合作，取得了一定成效，提高了国家减灾抗灾的综合能力，对经济社会发展起到了基础保障作用。影响比较大的区域合作机制和项目如下。

1995 年，哈萨克斯坦、吉尔吉斯斯坦和乌兹别克斯坦政府共同签订了《关于地震研究和地震灾害预报领域合作与互动的协定》。

2013 年，哈萨克斯坦紧急情况部和吉尔吉斯斯坦紧急情况部签署了两国政府关于建立紧急情况应对和减少灾害风险中心的协定。2016 年，该中心正式成立，旨在通过缔约方商定的措施联合应对紧急情况，建立有效机制减小灾害风险，促进区域和国际应急响应合作。2016—2023 年，该中心筹备并举办了 192 场与减小灾害风险和应对紧急情况相关的论坛、研讨会、培训等国际活动，哈萨克斯坦、吉尔吉斯斯坦等中亚国家代表参加。

世界银行分别于 2014 年和 2015 年在哈萨克斯坦举办了“中亚：地震风险”会议和中亚减小地震风险论坛。中亚五国代表介绍了各自国家的地震风险概况及应急响应能力，讨论了地震风险管理经验和面临的挑战。2015 年，在中亚减小地震风险论坛的基础上，世界银行与全球减灾和恢复基金、日本政府合作，在乌兹别克斯坦开展了首个灾害风险管理项目，对中亚减小地震风险的工作及其潜在的财政影响进行了评估，促进了中亚各国政府和企业之间关于减小风险举措的对话。

2022 年，哈萨克斯坦政府分别与乌兹别克斯坦政府和土库曼斯坦政府签订了关于预防和应对紧急情况领域合作的协定。

2022 年，为应对越来越多的大规模和跨界灾害，哈萨克斯坦、吉尔吉斯斯坦、塔吉克斯坦和乌兹别克斯坦政府举行区域论坛，就增强建设韧性、减少和管理灾害风险方面的合作达成一致，通过了《2022—2030 年中亚国家减少灾害风险合作发展战略》。中亚各国政府在进一步加强减少灾害风险双多边和区域合作上迈出了重要一步。

2023 年，乌兹别克斯坦和吉尔吉斯斯坦两国紧急情况部批准了一项在防范跨国界紧急情况方面开展合作的行动计划，旨在加强两国救援部门之间的互动与合作。该行动计划包括举行联合演习、召开研讨会、改善信息交流系统等活动。

2023 年，中亚国家应急部门负责人区域论坛在哈萨克斯坦阿拉木图举行，中亚五国应急机构负责人、联合国机构代表出席。会议关注了减少灾害风险的国际合作问题，尤其是建立区域预警系统、相互通报跨界威胁和紧急情况，提出创建中亚国家跨界灾害风险数字地图集等倡议。

2）与我国地震减灾协作机制

2023 年 5 月，首届中国—中亚峰会在西安召开，习近平主席与中亚五国领导人共谋发展大计，为全方位推动中国—中亚合作、携手构建更加紧密的中国—中亚命运共同体注入强劲动力。六国元首共同签署了《中国—中亚峰会西安宣言》，提出加强应急管理部门间协作，深化防灾减灾、安全生产、应急救援以及地震科学技术等领域交流合作。中国和中亚国家在地震灾害防治和应急管理领域积极开展合作，在战略和政策制定、灾害预防及地震科技交流等方面建立了良好的协作机制。

（1）强化机制建设，推动区域减灾战略对话。

近年来，中国积极推动并建立了“一带一路”自然灾害防治和应急管理国际合作机制，中国和中亚五国在防灾减灾救灾、安全生产和应急救援领域开展了制定战略规划、政策法规和标准等方面的对话交流。中国地震局积极服务“一带一路”建设，构建了“一带一路”地震减灾合作机制。在此机制下，中国和中亚国家开展长期稳定的对话交流，推动地震安全合作，促进中国—中亚减灾合作走深走实。

（2）聚焦重点领域，加强区域地震科技合作。

中国和中亚国家在地震科技领域签署合作协议，积极推进多层次交流合作。中国地震局分别于 2014 年和 2015 年与吉尔吉斯斯坦国家科学院和哈萨克斯坦教育科学部签署了地震科技合作备忘录。2023 年，新疆维吾尔自治区地震局先后同哈萨克斯坦紧急情况部地震研究所、俄罗斯科学院比什凯克科学研究站签署了 2023—2028 年地震科技合作备忘录。中国地震局地球物理研究所和中国地震局地质研究所分别与哈萨克斯坦紧急情况部地震研究所签署了地震监测和地震科技合作谅解备忘录。在协议框架下，中国和中亚国家开展了天山区域 GPS 联合观测、地震监测台网建设、地震灾害监测预警与风险防范示范应用等多个科技合作项目，为区域防震减灾提供了宝贵的基础信息和科学依据。

（3）围绕科学问题，搭建区域交流平台。

中国和中亚国家联合召开国际学术研讨会，交流各国地震研究新成果、新方法。自 1992 年至今，由中国和哈萨克斯坦轮流主办，吉尔吉斯斯坦、塔吉克斯坦、乌兹别克斯坦、土库曼斯坦广泛参与的“天山地震国际学术研讨会”已成功举办了 11 届。研讨会已成为中国和中亚各国深入研究天山强震孕震机理、减轻地震灾害风险、推进地震数据共享、加强地震科技合作的重要平台，是中国与中亚国家地震科技合作的一张名片。30 多年来，中国和中亚国家共有超过 1500 名科研人员参加了研讨会，累计举办近 800 场学术报告，极大促进了区域地震观测与科学研究的发展，为减轻区域地震灾害风险做出了积极贡献。

（4）加强技术支持，提升区域地震减灾能力。

中国多次为中亚国家举办技术培训，加强区域地震减灾能力建设。2021 年，新疆维吾尔自治区地震局和中国地震局地球物理研究所共同举办“中亚防震减灾技术与管理培训班”和“中亚及南亚国家地震监测技术国际培训班（中亚部分）”，哈萨克斯坦、吉尔吉斯斯坦、乌兹别克斯坦地震研究机构和大学共计 39 名科研人员参加，搭建了中国和中亚国家地震科技合作的桥梁，培养了地震科技人才。同时，中国加大对中亚国家的技术支持力度，帮助中亚多个国家建设了地震地磁监测台站，共享震灾应急信息；开展了包括中亚天然气管道在内的海外重大工程地震安全性评价，保障重大工程地震安全。

参考文献

梁姗姗，邹立晔，赵博，等. 中国测震台网地震监测能力初步分析 [J]. 地震地磁观测与研究，2021，42（6）：68−75.

全国地震标准化技术委员会. 地震震级的规定：GB 17740—2017[S]. 北京：中国标准出版社，2017.

宋治平，张国民，刘杰，等 . 全球地震目录 [M]. 北京：地震出版社，2011.

吴果，周庆，冉洪流 . 中亚地震目录震级转换及其完整性分析 [J]. 震灾防御技术，2014，9（3）：368−383.

Abdrakhmatov, Walker, Campbell, et al. Multisegment rupture in the 11 July 1889 Chilik earthquake (M_W 8.0−8.3), Kazakh Tien Shan, interpreted from remote sensing, field survey, and paleoseismic trenching[J]. Journal of Geophysical Research Solid Earth, 2016, 121(6), 4615−4640.

Storchak, Di Giacomo, Bondar, et al. Public release of the ISC−GEM Global Instrumental Earthquake Catalogue (1900−2009) [J]. Seismological Research Letters, 2013, 84(5), 810−815.

Krüger, Kulikova, Landgraf. Magnitudes for the historical 1885 (Belovodskoe), the 1887 (Verny) and the 1889 (Chilik) earthquakes in Central Asia determined from magnetogram recordings [J]. Geophysical Journal International, 2018, 215(3), 1824−1840.

附　　录

附录 1　中亚五国及其周边地区强震目录

附表 1-1　中亚五国及其周边地区强震目录（格林尼治时间 1887—2024 年 1 月，震级≥ 7.0）

序号	发震时间（年 - 月 - 日）	矩震级 M_W	震源深度 / km	震中经度 / °E	震中纬度 / °N	震中附近城镇
1	1887-06-08	7.3*	20	76.80	43.10	Kebin
2	1889-07-11	8.3*	—	78.70	43.20	Alma-Ata
3	1902-08-22	8.3	40	76.20	39.90	新疆阿图什
4	1906-10-24	7.1	35	67.13	37.03	Tirmiz
5	1906-12-22	8.0	15	84.93	43.99	新疆沙湾
6	1907-10-21	7.4	20	68.00	39.22	Qaratog
7	1909-07-07	7.7	200	70.36	36.32	Jurm
8	1911-01-03	8.0	20	76.81	42.92	Kebin
9	1911-02-18	7.2	15	72.60	38.29	Sarez
10	1921-11-15	7.8	240	70.67	36.24	Jurm
11	1924-07-03	7.3	10	84.19	36.98	新疆民丰
12	1929-05-01	7.2	10	57.64	38.11	Kopet Dag
13	1931-08-10	7.9	10	89.89	46.86	新疆富蕴
14	1931-08-18	7.3	10	89.90	47.25	新疆富蕴
15	1938-06-20	7.0	15	75.95	42.72	Kemin
16	1938-10-19	7.0	10	89.72	49.08	Bayan Olgii
17	1944-03-09	7.3	10	83.87	43.29	新疆新源
18	1946-11-02	7.5	25	71.82	41.80	Chatkal
19	1946-11-04	7.0	38	54.64	39.81	Balkanabat
20	1948-10-05	7.2	15	58.36	38.08	Ashgabat

续表

序号	发震时间（年-月-日）	矩震级 M_W	震源深度/km	震中经度/°E	震中纬度/°N	震中附近城镇
21	1949-02-23	7.4	10	84.24	41.93	新疆库车
22	1949-03-04	7.5	229	70.70	36.56	Jurm
23	1949-07-10	7.5	20	70.84	39.18	Khait
24	1956-06-09	7.3	25	67.61	35.16	Bamian
25	1961-04-13	7.0	35	77.71	39.76	新疆喀什
26	1962-09-01	7.0	15	49.84	35.66	Tehran
27	1965-03-14	7.4	208	70.72	36.41	Jurm
28	1974-07-30	7.0	212	70.78	36.32	Jurm
29	1974-08-11	7.0	10	73.82	39.35	Kyzyl-Eshme
30	1983-12-30	7.4	213	70.68	36.40	Jurm
31	1984-03-19	7.0	13	63.35	40.45	Gazli
32	1985-07-29	7.4	99	70.91	36.12	Jurm
33	1985-08-23	7.0	30	75.33	39.37	Kashgar
34	1990-06-20	7.4	15	49.28	37.07	Manjil Rudbar
35	1992-08-19	7.2	22	73.57	42.05	Tuluk Suusamyr
36	1993-08-09	7.0	220	70.79	36.39	Jurm
37	1997-11-08	7.5	20	87.40	35.11	西藏尼玛
38	2000-12-06	7.0	30	54.82	39.48	Balkanabat
39	2002-03-03	7.3	205	70.59	36.37	Jurm
40	2003-09-27	7.3	12	87.79	49.99	
41	2008-03-20	7.1	15	81.43	35.43	新疆于田
42	2015-10-26	7.5	212	70.70	36.38	Jurm
43	2015-12-07	7.2	13	72.91	38.09	Murghob
44	2017-11-12	7.4	20	45.88	34.85	Sulaymaniyah
45	2023-10-07	7.5	11	62.33	34.92	Herat
46	2024-01-23	7.1	22	78.63	41.26	新疆乌什

注：带“*”的为转换震级。

附录 2　中亚五国及其周边地区部分 7.0 级及以上地震灾害

1. 中亚五国及其周边 100 km 范围内部分 7.0 级及以上但地震灾害信息不详或造成的人员伤亡和经济损失不大的地震

（1）1887 年 6 月 8 日的维尔尼（Verny）地震完全摧毁了维尔尼城（即今天的哈萨克斯坦阿拉木图）。本次地震中很多房屋在主震中发生严重破坏，在连续的余震中倒塌。地震造成了 330 人死亡。该次地震的主要影响地区为天山北坡地区，震后测到的地表破裂、断层出露长度超过 35 km。该次地震震级被定为 7.3 级。

（2）1902 年 8 月 22 日的阿图什地震已无原始的参数记录，该地震震中位于南天山地区阿图什和喀什附近，震中烈度被认为达到了Ⅸ度。目前对该地震的认识是基于震害和震感的记录反推得到的。此次地震震级被定为 8.3 级。

（3）1902 年 12 月 16 日的提尔密兹（Tirmizi）地震无原始记录参数可参考。该地震震级被定为 7.1 级（USGS），来源于美国国家地震信息中心（National Earthquake Information Center）。

（4）1911 年 1 月 3 日发生在北天山楚河区的 8.0 级地震造成了约 200 km 的地表破裂，垂直断距最大达 10 m。此次地震的地震波被全球 100 余个地震台站所记录，各国学者对此次地震的相关记录和震中区的地质现象进行了广泛研究。

（5）1938 年 6 月 20 日的科明（Kemin）地震无原始记录参数可参考。据美国国家地震信息中心（National Earthquake Information Center）记录，该地震震级被定为 7.0 级（ISC-GEM 地震目录）。

（6）1946 年 11 月 2 日的查卡尔（Chatkal）地震发生在吉尔吉斯斯坦西部。该地震是吉尔吉斯斯坦自 1911 年以来发生的最大地震，地震造成的人员伤亡人数不详。该地震造成的地表破裂长 300 m，宽 50 m。据美国国家地震信息中心（National Earthquake Information Center）记录，该地震震级被定为 7.5 级（ISC-GEM 地震目录）。

（7）1961 年 4 月 13 日的喀什地震无原始记录参数可参考。目前对该地震的记录来源于美国国家地震信息中心（National Earthquake Information Center）。该地震震级被定为7.0级（ISC-GEM地震目录）。

（8）1974年8月11日的Kyzyl-Eshme地震无原始记录参数可参考。目前对该地震的记录来源于美国国家地震信息中心（National Earthquake Information Center），震级被定为7.0级（ISC-GEM地震目录）。

（9）1984年3月19日的加兹利（Gazli）地震对乌兹别克斯坦境内的沙漠石油小镇加兹利造成了破坏，地震震中位于加兹利以北30 km附近。尽管地震造成了超过100人受伤，但仅有1人遇难。震后有研究猜测地震可能与加兹利天然气田的开采有关。该地震震级被定为7.0级（ISC-GEM地震目录）。

（10）1992年8月19日发生的苏乌萨米尔（Suusamyr）地震的震级为7.2级（ISC-GEM地震目录）。地震震中位于吉尔吉斯斯坦边境的图卢克（Toluk）。地震造成了75人死亡，其中14人死于地震引起的次生滑坡。地震造成的地表破裂分为两组，第一组地表破裂在苏乌萨米尔河河床上，第二组地表破裂在第一组地表破裂西侧20 km处。地震还导致了次生地裂缝、土壤位移、泥涌、落石等次生灾害。

（11）2000年12月6日的巴尔坎娜巴德（Balkanabat）地震的震级为7.0级（ISC-GEM地震目录）。地震震中位于土库曼斯坦的巴尔坎娜巴德市以北大约25 km处。地震造成11人死亡，5人受伤。

（12）2003年9月27日的阿尔泰（Altai）地震的震级为7.3级（ISC-GEM地震目录）。地震震中位于靠近哈萨克斯坦、蒙古国和中国的俄罗斯阿尔泰共和国。地震造成了3人死亡，5人受伤，99～300间房屋损毁。该次地震是1761年以来该地区经历的最强地震。

（13）2015年12月7日的塔吉克斯坦地震的震级为7.2级（ISC-GEM地震目录）。地震造成2人死亡，数十人受伤，500间房屋损毁。

2. 帕米尔构造节地区7.0级及以上的中深源地震

（1）1909年7月7日的兴都库什地震震源深度200 km，震级7.7级（ISC-GEM地震目录）。地震造成的人员伤亡情况不详。

（2）1921 年 11 月 15 日的兴都库什地震震源深度 240 km，震级 7.8 级（ISC-GEM 地震目录）。地震造成的人员伤亡情况不详。

（3）1949 年 3 月 4 日的兴都库什地震震源深度 229 km，震级 7.5 级（ISC-GEM 地震目录）。地震造成的人员伤亡情况不详。

（4）1965 年 3 月 14 日的兴都库什地震震源深度 208 km，震级 7.4 级（ISC-GEM 地震目录）。地震造成的人员伤亡情况不详。

（5）1983 年 12 月 30 日的兴都库什地震震源深度 213 km，震级 7.4 级（ISC-GEM 地震目录）。地震造成了至少 26 人死亡，数百人受伤。所有的人员伤亡均发生在阿富汗和巴基斯坦。

（6）1985 年 7 月 29 日的兴都库什地震震源深度 99 km，震级 7.4 级（ISC-GEM 地震目录）。地震在巴基斯坦造成了至少 5 人死亡，38 人受伤。地震在印度北部和塔吉克斯坦造成了滑坡和雪崩。

（7）1993 年 8 月 9 日的兴都库什地震震源深度 220 km，震级 7.0 级（ISC-GEM 地震目录）。地震造成的人员伤亡情况不详。

附录 3　1906—2023 年中亚五国影响较大的 7.0 级及以上地震

附表 3-1　1906—2023 年中亚五国影响较大的 7.0 级及以上地震

序号	发震时间（年－月－日）	矩震级 M_W	震中附近城镇	震中经度 /°E	震中纬度 /°N	浅 / 中 / 深源地震	死亡人数 / 人
1	1906-10-24	7.1	Tirmiz	67.13	37.03		
2	1907-10-21	7.4	Qaratog	68.00	39.22		>1500
3	1909-07-07	7.7	Jurm	70.36	36.32	中源	
4	1911-01-03	8.0	Kebin	76.81	42.92		
5	1911-02-18	7.2	Sarez	72.60	38.29		90～302
6	1921-11-15	7.8	Jurm	70.67	36.24	中源	
7	1929-05-01	7.2	Kopet Dag	57.64	38.11		3250
8	1938-06-20	7.0	Kemin	75.95	42.72		
9	1946-11-02	7.5	Chatkal	71.82	41.80		
10	1946-11-04	7.0	Balkanabat	54.64	39.81		
11	1948-10-05	7.2	Ashgabat	58.36	38.08		1万～10万
12	1949-03-04	7.5	Jurm	70.70	36.56	中源	
13	1949-07-10	7.5	Khait	70.84	39.18		7200
14	1961-04-13	7.0	新疆喀什	77.71	39.76		
15	1962-09-01	7.0	Tehran	49.84	35.66		12225
16	1965-03-14	7.4	Jurm	70.72	36.41	中源	
17	1974-07-30	7.0	Jurm	70.78	36.32	中源	
18	1974-08-11	7.0	Kyzyl-Eshme	73.82	39.35		
19	1983-12-30	7.4	Jurm	70.68	36.40	中源	
20	1984-03-19	7.0	Gazli	63.35	40.45		1

续表

序号	发震时间（年－月－日）	矩震级 M_W	震中附近城镇	震中经度 /°E	震中纬度 /°N	浅 / 中 / 深源地震	死亡人数 / 人
21	1985-07-29	7.4	Jurm	70.91	36.12	中源	
22	1985-08-23	7.0	Kashgar	75.33	39.37		
23	1990-06-20	7.4	Manjil Rudbar	49.28	37.07		3.5万～5万
24	1992-08-19	7.2	Tuluk Suusamyr	73.57	42.05		75
25	1993-08-09	7.0	Jurm	70.79	36.39	中源	
26	2000-12-06	7.0	Balkanabat	54.82	39.48		11
27	2002-03-03	7.3	Jurm	70.59	36.37	中源	≥166
28	2003-09-27	7.3		87.79	49.99		3
29	2015-10-26	7.5	Jurm	70.70	36.38	中源	399
30	2015-12-07	7.2	Murghob	72.91	38.09		2

附录 4　中亚五国应急联系方式

1. 哈萨克斯坦

网址：https://www.gov.kz/memleket/entities/emer?lang=en

地址：010000 city of Astana Mangilik El street 8, entrance 2

邮箱：mchs@emer.kz

帮助热线：8（7172）70 41 14

新闻办公室：8（7172）60 09 75，8（7172）60 21 40

统一值班调度服务：112

紧急情况部紧急情况预防司：8（7172）60 19 73

紧急情况部应急响应司：8（7172）60 21 06

2. 吉尔吉斯斯坦

网址：https://www.mchs.gov.kg/en

地址：720033, Bishkek, Manas ave, 101/1

统一调度服务：112（24 h 紧急电话）

电话：+996（312）32-30-70（公众接待）

传真：+996（3222）5-60-77

邮箱：mchs.sa2021@gmail.com

灾害发生后线上联系方式：https://www.mchs.gov.kg/en/feedback/

吉尔吉斯斯坦紧急情况部相关人员亲自接见公民的时间表见附表 4-1。

附表 4-1　吉尔吉斯斯坦紧急情况部相关人员亲自接见公民的时间表

相关人员	时间
部长	星期四14:00—16:00
第一副部长	星期一14:00—17:00
中央办公室各司、办公室和部门负责人	每天9:00—17:00

3. 塔吉克斯坦

网址：https://kchs.tj/

地址：город Душанбе, улица Лохути, 26

电话：（+992 37）221-13-31，（+992 37）223-33-59

邮箱：info@khf.tj，cupravleniya@rs.tj

专业搜索和救援服务部：（+992 37）224-67-62

紧急情况预警和反应服务呼叫号码：112

4. 土库曼斯坦

网址：https://www.milligosun.gov.tm/

地址：г. Ашхабад, Копетдагский этрап, улица героя Туркменистана Атамурата Ниязова, дом 135, Главный дом офицеров Министерства Обороны Туркменистана

电话：+993 12 405967，+993 12 405968，+993 12 402741

邮箱：mgoshun@gmail.com

5. 乌兹别克斯坦

咨询热线：1101

救援服务：1050/101

网址：https://fvv.uz/ru/

电话：+998 (71) 239-16-85

传真：+998 (78) 150-62-99

邮箱：info@fvv.uz

地址：Ташкент, 100084, Юнусабадский район, Кичик халка йули - 4